EUL VERLAG

MARKETING

Herausgegeben von Prof. Dr. Heribert Gierl, Augsburg, Prof. Dr. Roland Helm, Regensburg, Prof. Dr. Frank Huber, Mainz, und Prof. Dr. Henrik Sattler, Hamburg

Band 59
Frank Huber, Julia Hamprecht und Marc Heise
In-Game Advertising erfolgreich platzieren – Eine empirische Analyse in der Konsumgüterbranche
Lohmar – Köln 2012 • 148 S. • € 43,- (D) • ISBN 978-3-8441-0133-1

Band 60
Frank Huber, Isabel Matthes, Julia Hamprecht und Felix Ackermann
Erfolgsfaktoren und Rückwirkungseffekte von Limited Editions – Eine empirische Analyse im FMCG-Markt
Lohmar – Köln 2012 • 152 S. • € 47,- (D) • ISBN 978-3-8441-0147-8

Band 61
Stefan Vollmann, Tim Lindemann und Frank Huber
Open Innovation – Eine empirische Analyse zur Identifikation innovationsbereiter Kunden
Lohmar – Köln 2012 • 108 S. • € 38,- (D) • ISBN 978-3-8441-0153-9

Band 62
Frank Huber, Andrea Weihrauch und Julia Weindel
Erfolgreiche Arbeitgebermarken-Gestaltung bei potentiellen und bestehenden Arbeitnehmern
Lohmar – Köln 2012 • 120 S. • € 42,- (D) • ISBN 978-3-8441-0158-4

Band 63
Frank Huber, Andrea Weihrauch und Michelle Höchst
Orderverhalten von Einkäufern in B2B-Märkten – Eine kausalanalytische Studie zum Wechselspiel von ökonomischen und emotionalen Faktoren
Lohmar – Köln 2012 • 164 S. • € 47,- (D) • ISBN 978-3-8441-0169-0

Band 64
Frank Huber, Michael Lenzen und Andreas Daum
Viral Marketing erfolgreich nutzen – Eine empirische Analyse zur Erklärung der Weiterleitungsabsicht für virale Werbespots
Lohmar – Köln 2012 • 172 S. • € 48,- (D) • ISBN 978-3-8441-0199-7

JOSEF EUL VERLAG

Reihe: Marketing · Band 64

Herausgegeben von Prof. Dr. Heribert Gierl, Augsburg, Prof. Dr. Roland Helm, Regensburg, Prof. Dr. Frank Huber, Mainz, und Prof. Dr. Henrik Sattler, Hamburg

Prof. Dr. Frank Huber
Michael Lenzen
Andreas Daum

Viral Marketing erfolgreich nutzen

Eine empirische Analyse zur Erklärung der Weiterleitungsabsicht für virale Werbespots

EUL VERLAG

Bibliografische Information der Deutschen Nationalbibliothek

Die Deutsche Nationalbibliothek verzeichnet diese Publikation in der Deutschen Nationalbibliografie; detaillierte bibliografische Daten sind im Internet über <http://dnb.d-nb.de> abrufbar.

ISBN 978-3-8441-0199-7
1. Auflage Oktober 2012

JOSEF EUL VERLAG GmbH
Brandsberg 6
53797 Lohmar
Tel.: 0 22 05 / 90 10 6-6
Fax: 0 22 05 / 90 10 6-88
E-Mail: info@eul-verlag.de
http://www.eul-verlag.de

Bei der Herstellung unserer Bücher möchten wir die Umwelt schonen. Dieses Buch ist daher auf säurefreiem, 100% chlorfrei gebleichtem, alterungsbeständigem Papier nach DIN 6738 gedruckt.

Vorwort

Werbung hat heutzutage mit erheblichen Effektivitätsproblemen zu kämpfen. Der Grund für diese Entwicklung liegt in einer Reihe von Phänomenen, welche sich negativ auf früher bewährte Muster der Markenkommunikation auswirken. Die zunehmende Fragmentierung der Medienlandschaft führt zu einer immer schwierigeren Zielgruppenansprache. Damit einher geht ein immer höheres Streuverlustrisiko bei gleichzeitig steigenden Mediakosten. Daher sehen sich Werbetreibende und Agenturen dazu gezwungen, innovative Formen der Zielgruppenansprache zu nutzen. Eine dieser Alternativen repräsentiert virale Werbung. Dabei handelt es sich um Online-Werbespots, die sich von Person zu Person über verschiedene Formen der Online-Kommunikation verbreiten, ohne dass das werbende Unternehmen für die Kontakte bezahlt. Im Gegenteil, die Internetnutzer verbreiten den Online-Werbespot freiwillig. Der virale Erfolg von Online-Werbespots ist bisweilen jedoch sehr unterschiedlich. Vor diesem Hintergrund liegt das Ziel dieser Studie in der Identifikation von Eigenschaften von Online-Werbespots und Motiven interpersoneller Kommunikation, welche sich positiv auf die Weiterleitungsabsicht auswirken. Dazu wird ein Kausalmodell entwickelt und am Beispiel des Online-Werbespots „Smart Thief Caught on Cam“ der Marke LG mit Hilfe des Schätzverfahrens PLS auf seine Gültigkeit geprüft. Folgende Einflussfaktoren der Weiterleitungsabsicht werden dabei herangezogen: die Neuartigkeit der Werbung, die Nützlichkeit der Botschaft und die Unterhaltung als Eigenschaften des Online-Werbespots sowie Altruismus, Individualität, persönliches Wachstum, Vergnügen und Eskapismus als Motive interpersoneller Kommunikation. Zusätzlich werden die moderierenden Einflüsse der Variablen Geschlecht und sozialer Status sowie der als Kreativität der Werbung definierte Interaktionseffekt zwischen der Neuartigkeit der Werbung und der Nützlichkeit der Botschaft überprüft. Sowohl die drei Eigenschaften als auch die Kreativität der Werbung weisen demnach einen positiven Einfluss auf die Weiterleitungsabsicht auf. Gleichzeitig wirken die Motive Individualität, persönliches Wachstum und Eskapismus direkt positiv auf die Weiterleitungsabsicht. Wie die beiden Gruppenvergleiche zeigen, bestehen jedoch erhebliche Unterschiede innerhalb der Motivstrukturen. Aufbauend auf diesen Ergebnissen werden Empfehlungen für die Marketingforschung und -praxis gegeben, um für ein besseres Verständnis von viraler Werbung im Hinblick auf die Entwicklung von Online-Werbespots zu sorgen.

Inhaltsverzeichnis

Abbildungsverzeichnis

Tabellenverzeichnis

Abkürzungsverzeichnis

A	Attitude
A_{Ad}	Attitude toward the Ad
ABC-Modell	Affect-Behavior-Cognition-Modell
AEI	Ad Execution Involvement
AMI	Ad Message Involvement
ARD	Arbeitsgemeinschaft der öffentlich-rechtlichen Rundfunkanstalten Deutschlands
AVE	Average Variance Extracted
bspw.	beispielsweise
bzw.	beziehungsweise
d.B.	der Botschaft
d.h.	das heißt
d.W.	der Werbung
Dr.	Doktor
ELM	Elaboration-Likelyhood-Modell
engl.	englisch
et al.	et altera
etc.	et cetera
EU	Europäische Union
E-V-Hypothese	Einstellung-Verhalten-Hypothese
eWoM	electronic Word-of-Mouth
f.	folgende
ff.	fortfolgende
FIRO	Fundamental Interpersonal Relationship Orientation
FW	Forward
ggü.	gegenüber
ggü. d. O.-W.	gegenüber dem Online-Werbespot
H	Hypothese
Hrsg.	Herausgeber
IAB	Internet Advertising Bureau
ICM	Interpersonal Communication Motives
i.d.R.	in der Regel

I.	Item
LISREL	Linear Structural Relations
Mio.	Million/en
Mittelw.	Mittelwert
OCS	Online Cognition Scale
OECD	Organization for Economic Cooperation and Development
o.g.	oben genannte/r/n
PBC	Perceived Behavioral Control
pers.	persönlich
PGIS	Personal Growth Initiative Scale
PLS	Partial Least Squares
Prof.	Professor
u.a.	unter anderem
USA	United States of America
s.	siehe
S.	Seite
SEVA	Surgency Elation Vigor Activation
SN	subjektive Norm
s.o.	siehe oben
sog.	sogenannte/r/n
TPB	Theory of Planned Behavior
TRA	Theory of Reasoned Action
vgl.	vergleiche
VIF	Variance Inflation Factor
VW	Volkswagen
wg.	wegen
WoM	Word-of-Mouth
z.B.	zum Beispiel
ZDF	Zweites Deutsches Fernsehen
z.T.	zum Teil

1 Zur Relevanz von viraler Werbung

Die „Response“-Kampagne der Marke Old Spice aus dem Jahr 2010 generierte 5,9 Mio. Views in nur 24 Stunden und somit mehr als die Siegesrede von Barack Obama zur Wahl um das Amt des Präsidenten der USA im gleichen Zeitraum im Jahr 2008.[1] Der Spot „The Force“ der Marke VW erzielte im Jahr 2011 innerhalb von zehn Monaten eine Reichweite von über 45 Mio. Zuschauern auf dem Video-Portal YouTube.[2] Die interaktive Kampagne „A Hunter Shoots a Bear“ für die Marke Tipp-Ex erreichte eine Quote von einem Tweet pro Sekunde innerhalb der ersten 36 Stunden nach Kampagnenstart und wurde während der ersten 100 Tage über 35 Mio. Mal angesehen.[3] Damit stehen alle drei Kampagnen als herausragende Beispiele stellvertretend für ein Phänomen, das *Teixeira* aktuell sogar als den heiligen Gral des digitalen Marketings beschreibt: Virale Werbung.[4]

In Anlehnung an *Petrescu/Korgaonkar* bezeichnet virale Werbung im Rahmen der vorliegenden Arbeit kostenlos von Unternehmen bereitgestellte oder nutzergenerierte Online-Werbespots, welche sich aufgrund spezifischer Eigenschaften, die innerhalb dieser Arbeit genauer untersucht werden sollen, via online Kommunikation epidemisch über die sozialen Netzwerke der Internetnutzer verbreiten.[5] Aus historischer Perspektive spielen zwei Arten von Faktoren für die Entstehung viraler Werbung eine entscheidende Rolle. Auf der einen Seite existiert eine Reihe von technischen Voraussetzungen für eine epidemische Verbreitung von o.g. Ausmaß (s. *Kapitel 2.1.2*).[6] Mit Aufkommen des Internets und insbesondere seiner technischen und sozialen Weiterentwicklung vom Web 1.0 zum Web 2.0 wurden diese erfüllt.[7] Auf der anderen Seite führt die fortschreitende Fragmentierung der Medienlandschaft zu einem Überangebot an Marketing-Botschaften, dem sich jeder von uns täglich ausgesetzt sieht.[8] Durch jene Fragmentierung verfügen Konsumenten sowohl über eine steigende Medienauswahl, als auch über ein stärker ausgeprägtes Vermeidungsverhalten in Bezug auf Marketing-Botschaften.[9] Die für Werbetreibende so immer schwierigere Zielgruppenansprache mittels klassischer Medien wird durch steigende Kosten der einzelnen Sende- bzw. Anzeigen-

[1] Vgl. YouTube (2011).
[2] Vgl. YouTube (2011).
[3] Vgl. YouTube (2011).
[4] Vgl. Teixeira (2012), S. 25.
[5] Vgl. Petrescu/Korgaonkar (2011), S. 221.
[6] Vgl. Bauer/Martin/Albrecht (2007), S. 66.
[7] Vgl. Renker (2008), S. 14; Brudermann/Fenzl (2010), S. 398.
[8] Vgl. Porter/Golan (2006), S. 30; Langner (2009), S. 13; Brudermann/Fenzl (2010), S. 397; Eckler/Bolls (2011).
[9] Vgl. Porter/Golan (2006), S. 30; Langner (2009), S. 14; Brudermann/Fenzl (2010), S. 397; Eckler/Bolls (2011), S. 1; Petrescu/Korgaonkar (2011), S. 209.

plätze dabei noch unattraktiver.[10] Infolgedessen suchen Unternehmen verstärkt nach innovativen Möglichkeiten, um effizient mit ihrer Zielgruppe zu kommunizieren.[11] Besonders der Kostenvorteil (s. *Kapitel 2.1.1*) in Kombination mit dem oben veranschaulichten Reichweitenpotential erklärt in diesem Kontext das Interesse Werbetreibender an der viralen Werbung in der Praxis.[12] Aufgrund dieser Aspekte versuchen Letztere vermehrt Werbespots mit viralem Potential zu entwerfen,[13] doch nicht immer erzielen diese auch den geplanten, viralen Effekt.[14] Entgegen *Cashmores* Argumentation, der zufolge Viralität ein reines Zufallsprodukt ist,[15] belegen aktuelle wissenschaftliche Studien jedoch, dass ein Zusammenhang zwischen verschiedenen Faktoren und der Viralität von Online-Inhalten (u.a. Online-Werbespots) existiert.[16] Obwohl die soziale Komponente des Weiterleitungsverhaltens für den viralen Erfolg dabei von eminenter Wichtigkeit ist,[17] analysieren diese Studien analog zu vielen Praxisbeiträgen die Viralität von Online-Inhalten indes fast ausschließlich aus einer objektbezogenen Perspektive.[18] So liegt bisweilen nur eine wissenschaftliche Untersuchung vor, die auf die interpersonelle Komponente des individuellen Weiterleitungsverhaltens in Bezug auf Online-Inhalte ausgelegt ist.[19]

Ziel der vorliegenden Arbeit ist es daher, die objektebezogene und die interpersonelle Perspektive miteinander zu verknüpfen. Mit Hilfe eines Kausalmodells werden Charakteristika des Online-Werbespots selbst sowie Motive interpersoneller Kommunikation als Konstrukte herausgearbeitet und deren Einfluss auf die Weiterleitungsabsicht des Einzelnen speziell in Bezug auf Online-Werbespots untersucht. Dazu wird in *Kapitel 1* die Relevanz des Forschungsgegenstands etabliert. Im Anschluss daran werden in *Kapitel 2* konzeptionelle und theoretische Grundlagen des Modells erörtert. Auf Basis der theoretischen Fundierung erfolgt in *Kapitel 3* die Konzeption des Kausalmodells zur Identifikation der Antezedenzien der Wei-

[10] Vgl. Porter/Golan (2006), S. 30; Eckler/Bolls (2011), S. 1.
[11] Vgl. Eckler/Bolls (2011), S. 1.
[12] Vgl. Chui/Hsieh/Kao/Lee (2007), S. 524; Southwell/Yzer (2007), S. 440; Langner (2009), S. 29; Southgate/Westoby/Page (2010), S. 349.
[13] Vgl. Benady (2009), S. 34 f.; Southgate/Westoby/Page (2010), S. 350; Berger/Milkmann (2011), S. 3.
[14] Vgl. Benady (2009), S. 34 f.; Berger/Milkmann (2011), S. 3.
[15] Vgl. Cashmore (2009).
[16] Vgl. Southgate/Westoby/Page (2010), S. 360; Brudermann/Fenzl (2010), S. 409; Berger/Milkmann (2011), S. 25; Eckler/Bolls (2011), S. 8.
[17] Vgl. Ho/Dempsey (2011), S. 1000.
[18] Vgl. Bauer/Haber/Albrecht/Laband (2007), S. 267 ff.; Chiu/Hsieh/Kao/Lee (2007), S. 524 ff.; Benady (2009), S. 34 f.; Cutler (2009), S. 42; Neff (2010), S. 16; Brown/Bhadury/Pope (2010), S. 49 ff.; Brudermann/Fenzl (2010), S. 409; Southgate/Westoby/Page (2010), S. 360; Berger/Milkmann (2011), S. 25; Eckler/Bolls (2011), S. 8.
[19] Vgl. Ho/Dempsey (2011), S. 1000 ff.

terleitungsabsicht für Online-Werbespots. In *Kapitel 4* werden die postulierten Hypothesen daraufhin mittels einer empirischen Untersuchung auf ihren Realitätsbezug überprüft und die Implikationen für Forschung und Praxis erläutert. *Kapitel 5* fasst abschließend die fundamentalen Ergebnisse zusammen.

2 Konzeptionelle und theoretische Fundierung

2.1 Grundlagen viraler Werbung

2.1.1 Der Begriff Werbung

Schon unter epistemologischen Gesichtspunkten lässt der Begriff *virale Werbung* erahnen, dass der Forschungsgegenstand dieser Arbeit aus zwei Komponenten besteht. Zum einen enthält er mit dem Substantiv *Werbung* eine objektbezogene Komponente, die sich auf den Online-Werbespot bezieht. Zum anderen beinhaltet er mit dem Adjektiv *viral* eine soziale Komponente, welche die Art und Weise der Verbreitung des Online-Werbespots kennzeichnet. Analog zu dieser Zweiteilung erfolgt auch die Erläuterung der beiden Aspekte in diesem und dem nachfolgenden Abschnitt. Im dritten Teil von *Kapitel 2.1* wird anschließend die für die vorliegende Arbeit verwendete Definition *viraler Werbung* hergeleitet und von ähnlichen Fachtermini abgegrenzt.

Innerhalb der vier Ps des Marketing-Mix fällt die *Werbung* in die Kategorie der Kommunikationspolitik (d.h. Promotion).[20] Gegenstand der Kommunikationspolitik ist *Bruhn* zufolge „die Realisierung relevanter Kommunikationsziele bei ausgewählten Zielgruppen".[21] Vergleicht man unterschiedliche Perspektiven und Herangehensweisen verschiedener Autoren bei der Untersuchung von Werbung, so zeigen sich verschiedene Definitionsansätze für den Begriff.[22] Wie *Siegert/Brecheis* demonstrieren, ergeben sich aus diesen vielfältigen Ansätzen fünf Dimensionen, die Werbung charakterisieren: (1) die Prozessorientierung, (2) die Zielorientierung, (3) der Inhalt, (4) die Vermittlungswege und (5) das Mittel.[23] Werbung als *Kommunikationsprozess* stellt die Übermittlung einer Botschaft von einem Sender über ein Medium zu einem Empfänger dar.[24] Ihre *Zielsetzung* ist die Beeinflussung von Wissen, Meinungen, Einstellungen und/ oder Verhalten.[25] *Inhalt* der Werbung sind Aussagen zu darin beworbenen Objekten wie Produkten, Dienstleistungen, Unternehmen, Personen, Marken oder Ideen.[26] Dazu werden verschiedene Massenmedien und persönlich adressierte Medien als *Vermittlungswege* eingesetzt.[27] Um die Botschaft dabei überzeugend zu überbringen, bedient

[20] Vgl. Hackley (2005), S. 7 f.; Kotler/Armstrong (2006), S. 441 f.
[21] Bruhn (2010), S. 361.
[22] Vgl. Hackley (2005), S. 7 f.; Kloss (2007), S. 6; Bruhn (2010), S. 373; Siegert/Brecheis (2010), S. 24.
[23] Vgl. Siegert/Brecheis (2010), S. 25.
[24] Vgl. Schweiger/Schrattenecker (2005), S. 12; Siegert/Brecheis (2010), S. 25.
[25] Vgl. Kloss (2007), S. 6; Siegert/Brecheis (2010), S. 26.
[26] Vgl. Siegert/Brecheis (2010), S. 27.
[27] Vgl. Bruhn (2010), S. 373; Siegert/Brecheis (2010), S. 27.

sich die Werbung unterschiedlicher gestalterischer und kreativer *Mittel*.[28] Anhand dieser Dimensionen definieren *Siegbert/Brecheis* Werbung wie folgt: „Werbung ist ein geplanter Kommunikationsprozess und will gezielt Wissen, Meinungen, Einstellungen und/oder Verhalten über und zu Produkten, Dienstleistungen, Unternehmen, Marken oder Ideen beeinflussen. Sie bedient sich spezieller Werbemittel und wird über Werbeträger wie z.B. Massenmedien und andere Kanäle verbreitet“.[29]

Im Rahmen dieser Studie beschränkt sich die Betrachtung der Werbung auf das Medium Internet. Dort kann Werbung aus Text-, Bild- und Toninhalten bestehen und erreicht die Zielgruppe in digitaler Form.[30] Innerhalb dieses Einzelmediums liegt der Fokus wiederum auf Online-Video-Ads. Zunehmende Übertragungsgeschwindigkeiten und die weitreichende Verfügbarkeit von Breitbandverbindungen haben dazu geführt, dass im Internet seit einigen Jahren auch Bewegtbild-Formate ähnlich der TV-Werbung – die sog. Online-Video-Ads – verwendet werden.[31] Hierbei muss jedoch zwischen verschiedenen Formen unterschieden werden, die durch die Arbeitsgruppe des Internet Advertising Bureau (IAB) als Standards definiert wurden.[32] Bei In-Stream-Videos werden Werbebotschaften in das Video integriert, d.h. sie laufen im gleichen Videoplayer wie das Video, das man eigentlich anschauen möchte.[33] In-Stream-Videos lassen sich wiederum in sog. lineare und nicht lineare Video-Ads untergliedern.[34] Letztere werden als sog. Pre-Rolls, Mid-Rolls oder Post-Rolls vor, während bzw. nach dem eigentlichen Video abgespielt (s. *Abbildung 1*).[35] Dabei bedecken sie komplett die Fläche des Videoplayers; der eigentliche Videofilm wird währenddessen unterbrochen. Dementsprechend werden sie auch mit der aus dem Fernsehen bekannten Unterbrecherwerbung (Interstitials) verglichen.[36] Nicht-lineare Video-Ads, auch als Overlays bezeichnet, werden ebenfalls in das Video integriert. Sie bedecken jedoch nur einen Teil des Videoplayers, sodass das eigentliche Video währenddessen weiterlaufen kann. Die Botschaft wird in dem Fall über textuelle oder grafische Mittel kommuniziert, hinter denen sich meist ein Link verbirgt. Darüber hinaus besteht die Möglichkeit, Bewegtbild-Formate als sog. In-Banner-Videos zu schal-

[28] Vgl. Dannenberg/Wildschütz/Merkel (2003), S. 6; Siegert/Brecheis (2010), S. 28.
[29] Siegert/Brecheis (2010), S. 28.
[30] Vgl. Bruhn (2010), S. 380.
[31] Vgl. Golan/Zaidner (2008), S. 959; Unger et al. (2009), S. 311; Weiss (2010), S. 232; Specht/Theobald (2010), S. 39.
[32] Vgl. Specht/Theobald (2010), S. 40.
[33] Vgl. Weiss (2010), S. 233.
[34] Vgl. Zukunft Digital (2009), S. 8.
[35] Vgl. Weiss (2010), S. 233.
[36] Vgl. AIB (2008), S. 3 f.

ten. Dem Namen entsprechend handelt es sich dabei um Videos, die innerhalb regulärer Bannerformate platziert werden. Statt statischer Bilder oder Animationen läuft im Banner dann ein Video ab.[37] Eine weitere Form der Platzierung stellen In-Text-Videos dar. Bei dieser Variante wird ein Video abgespielt, sobald ein User auf ein im Text hervorgehobenes und mit dem Video verlinktes Wort klickt oder es mit dem Mauszeiger berührt. Das Video wird dann in einem neuen Fenster geöffnet und abgespielt.[38]

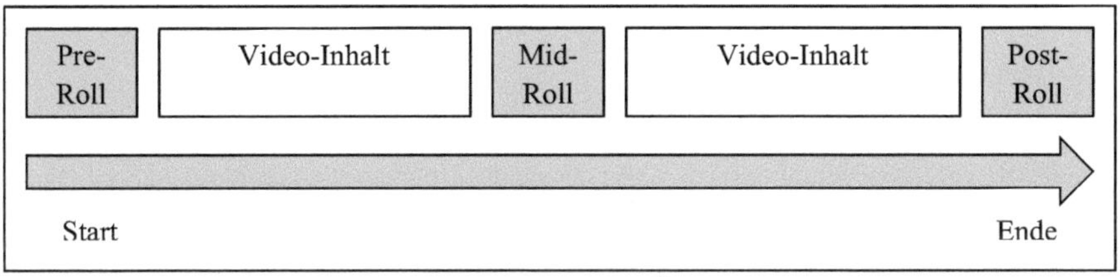

Abbildung 1: Grafische Darstellung linearer Video-Ads[39]

Alle zuvor genannten Formate von Online-Video-Ads haben eines gemeinsam: Der Werbetreibende muss für deren Schaltung bezahlen.[40] Innerhalb der Kategorisierung nach *Corcoran* in „Earned-, Owned- und Paid-Media", an der sich mittlerweile viele Agenturen in der Praxis orientieren, fallen sie also in die Gruppe der „Paid-Media".[41]

Eine andere Variante von Online-Video-Ads ist hingegen der Kategorie der „Owned-Media" zuzuordnen. Diese Video-Ads werden als eigenständige Inhalte auf unternehmenseigenen Webseiten und Blogs oder öffentlichen Videoportalen wie YouTube und Vimeo veröffentlicht.[42] Der Werbetreibende finanziert zwar meist die Produktion des Werbespots; für dessen Verbreitung wird im Gegensatz zu den o.g. Formaten jedoch keine entgeltliche Zahlung fällig.[43] Genau diese Art von Online-Video-Ads verfügt über das Potential, zu viraler Werbung zu werden, da ihr Inhalt so gestaltet ist, dass sich die Nutzer das Video freiwillig anschauen und mit Personen aus ihrem sozialen Umfeld teilen.[44] Solche Online-Video-Ads sind deshalb

[37] Vgl. AIB (2008), S. 5.
[38] Vgl. AIB (2008), S. 4.
[39] In Anlehnung an Specht/Theobald (2010), S. 43.
[40] Vgl. Specht/Theobald (2010), S. 39, Southgate/Westoby/Page (2010), S. 350.
[41] Vgl. Corcoran (2009).
[42] Vgl. Petrescu/Korgaonkar (2011), S. 220.
[43] Vgl. Bauer/Haber/Albrecht/Laband (2007), S. 271; Petrescu/Korgaonkar (2011), S. 220.
[44] Vgl. Southgate/Westoby/Page (2010), S. 350.

für die vorliegende Arbeit von zentralem Interesse und werden innerhalb der Studie explizit als *Online-Werbespots* bezeichnet.

Nachdem nun herausgearbeitet wurde, welche Form von Werbung im Fokus dieser Arbeit steht, wird im anschließenden Abschnitt erörtert, welche Vorgänge und Prozesse bei der viralen Verbreitung eines solchen Online-Werbespots innerhalb des sozialen Umfelds der Nutzer eine Rolle spielen.

2.1.2 Das Konzept der Viralität

Der in *Kapitel 2.1.1* beschriebenen Zusammensetzung viraler Werbung folgend ist dieses Unterkapitel darauf ausgelegt, die soziale Komponente des Untersuchungsgegenstandes zu erläutern. Erst durch die soziale Interaktion der Internetnutzer – also die Weiterleitung des Online-Werbespots von Nutzer zu Nutzer – kann dieser zu viraler Werbung werden.[45] Insofern ist es für das Verständnis der vorliegenden Arbeit von essentieller Bedeutung, die Prozesse und Funktionsweisen sozialer Netzwerke und darin zirkulierender Informationen zu veranschaulichen. Ausgehend vom Konzept der Mundpropaganda werden im Folgenden die Memetik, das Prinzip der psychologischen Ansteckung sowie *Gladwells* Theorie des „Tipping Points" herangezogen, um das Prinzip der Viralität eingehend zu erörtern.

Mund-zu-Mund-Propaganda (engl.: Word-of-Mouth (WoM)) gilt seit geraumer Zeit als eine der einflussreichsten Informationsquellen für Konsumenten.[46] Es handelt sich dabei um eine Form der interpersonellen, mündlichen Kommunikation zwischen einem nicht-kommerziellen Kommunikator und einem Empfänger bezüglich einer Marke, eines Produkts oder einer Dienstleistung.[47] Da virale Werbung als eine Form des viralen Marketings auf dem Kommunikationsschema der Mund-zu-Mund-Propaganda basiert,[48] können zur Erklärung ihrer Verbreitung auch die gleichen Konzepte verwendet werden.

Der 1976 durch den Oxford-Zoologen *Richard Dawkins* geprägte Begriff der Memetik beschreibt die Theorie der Replikation und Verbreitung von Botschaften.[49] Das Wort Mem ist

[45] Vgl. Langner (2009), S. 22 f.; Ho/Dempsey (2010), S. 1000; Petrescu/Korgaonkar (2011), S. 220.
[46] Vgl. Arndt (1967), S. 291; Gruen/Osmonbekov/Czaplewski (2006), S. 449; Verlegh/Moldovan (2008), S. 49; Golan/Zaidner (2008), S. 960; Cruz/Fill (2008), S. 743 f.
[47] Vgl. Arndt (1967), S. 3.
[48] Vgl. Golan/Zaidner (2008), S. 961; Eckler/Bolls (2011), S. 2.
[49] Vgl. Renker (2008), S. 23.

hierbei abgeleitet aus dem lateinischen Wort *memoria* für Erinnerung und repräsentiert nach *Langner* „eine kleine Informationseinheit, die jedoch so infizierend ist, dass sie Menschen dazu bewegt, sie weiterzugeben".[50] *Dawkins* lehnt den Begriff Mem absichtlich an das aus der Biologie bekannte Gen, der kleinsten Einheit des Erbguts, an. Entsprechende Ähnlichkeiten existieren daher auch bei der Verbreitung von Genen und Memen. Während sich Gene im Lauf der Evolution von Generation zu Generation übertragen, bewegen sich Meme auf psychologisch-kommunikativer Ebene von Gehirn zu Gehirn.[51] *Pelzmann* spricht in diesem Kontext auch von „psychological contagion" – also dem Prinzip der psychologischen Ansteckung.[52] Ähnlich der Memetik geht Letzteres davon aus, dass Ideen und Trends gleich sog. *psychologischer Viren* durch soziale Interaktion übertragen werden,[53] was auch die Herkunft des Begriffs Viralität erklärt. Wie ein Virus nutzen Meme also den Einzelnen als Wirt, um sich über seine zwischenmenschlichen Beziehungen auszubreiten. Das Mem ist dabei in der Lage das Verhalten eines Individuums so zu modifizieren, dass es Information oder wie im Fall der vorliegenden Studie den Online-Werbespot propagiert.[54] Im Unterschied zu Genen, die nur von den Eltern zur nächsten Generation weiter gegeben werden, können Meme dabei zwischen beliebigen Personen ausgetauscht werden. Kritisch für die Verbreitung von Memen ist in dem Fall die menschliche Fähigkeit zur Nachahmung bzw. Imitation.[55] Grundlage der Imitation ist entsprechend der Memetik die Ausrichtung des Individuums auf das Verhalten anderer.[56]

Darin stimmt sie mit dem Prinzip der psychologischen Ansteckung überein.[57] Letzterem zufolge hängt die Wahrscheinlichkeit für eine erfolgreiche „Ansteckung" dabei von der sog. Empfänglichkeitsschwelle des Einzelnen ab. Diese muss durch die Anzahl der Aussetzungen mit dem psychologischen Virus sowie deren Intensitäten innerhalb eines bestimmten Zeitraumes überschritten werden, um die Infizierung auszulösen.[58] Somit erklärt das Prinzip der psychologischen Ansteckung auch, weshalb manche Online-Werbespots zu viraler Werbung werden und andere nicht. Online-Werbespots, die nicht viral verbreitet werden, überschreiten

[50] Langner (2009), S. 20.
[51] Vgl. Wegener (2001), S. 53 ff.
[52] Vgl. Pelzmann (2007), S. 82.
[53] Vgl. Brudermann/Fenzl (2010), S. 399; Southwell/Yzer (2007), S. 430.
[54] Vgl. Langner (2009), S. 21.
[55] Vgl. Dawkins (1978), S. 224 ff.
[56] Vgl. Pelzmann/Hudnik/Miklautz (2005), S. 438.
[57] Vgl. Dawkins (1978), S. 224 ff.
[58] Vgl. Dodds/Watts (2004), S. 1; Dodds/Watts (2005), S. 588; Brudermann/Fenzl (2010), S. 399.

die Empfänglichkeitsschwelle also nicht. Überträgt man diese Überlegungen nun auf das Internet und das Web 2.0, so stellt man fest, wie verschiedene Faktoren den Replikationsprozess beschleunigen und fördern und als Vorrausetzung für das in *Kapitel 1* beschriebene Reichweitenpotential gelten. Die Digitalisierung des Mems, z.B. in Form eines Online-Werbespots, ermöglicht die verlustfreie Informationsübertragung und sichert die Wiedergabetreue.[59] Das Aufkommen sozialer Online-Netzwerke, wie bspw. Facebook, sowie darauf enthaltene Funktionen, wie Share-Buttons, gestatten eine schnelle und hohe Multiplikation des Spots und generieren eine hohe Anzahl an Aussetzungen auch über größere räumliche Distanzen.[60] Darüber hinaus garantiert die Speicherung der Daten die Langlebigkeit des Werbespots und somit auch eine zeitversetzte Aussetzung.[61]

Zum Verständnis des Reichweitenpotentials viraler Werbung liefert *Gladwells* Theorie des „Tipping Point“ eine Erklärung. Wie die Memetik und das Prinzip der viralen Ansteckung geht auch die Theorie des „Tipping Point“ davon aus, dass sich Ideen und Botschaften wie ein Virus verbreiten können.[62] Der „Tipping Point“ kennzeichnet dabei den Zeitpunkt, ab dem sich die Botschaft nicht mehr linear sondern exponentiell, gleich einer Epidemie, verbreitet. Dieser wird bei Erreichen einer kritischen Masse überschritten.[63] Auch wenn ihm darin nicht alle Wissenschaftler zustimmen,[64] gilt nach *Gladwell* das Kritische-Masse-Prinzip deshalb als der bedeutende Erfolgsfaktor bei der viralen Verbreitung von Marketing-Botschaften.[65] In diesem Zusammenhang identifiziert er drei Faktoren zur Erklärung des Aufkommens viraler Strategien im Marketing: (1) die Macht der Umstände, (2) die Verankerung der Idee und (3) das Gesetz der Wenigen.[66] Wie *Kapitel 1* demonstriert, suchen Unternehmen aufgrund der *Umstände* nach innovativen Formen der Zielgruppenansprache. Die *Idee* des viralen Marketings, viele Leute in kurzer Zeit und zu geringen Kosten zu erreichen, begründet dessen Attraktivität.[67] Das *Gesetz der Wenigen* besagt wiederum, dass nicht alle Mitglieder einer Gruppe den gleichen Einfluss haben, um Veränderungen zu bewirken. Bezogen auf virales Marke-

---

[59] Vgl. Bauer/Martin/Albrecht (2007), S. 66.
[60] Vgl. Bauer/Martin/Albrecht (2007), S. 66; Renker (2008), S. 14; Southgate/Westoby/Page (2010), S. 351; Petrescu/Korgaonkar (2011), S. 212 ff.
[61] Vgl. Bauer/Martin/Albrecht (2007), S. 66.
[62] Vgl. Bauer/Martin/Albrecht (2007), S. 66; Langner (2009), S. 21.
[63] Vgl. Dodds/Watts (2004), S. 1; Dodds/Watts (2005), S. 590.
[64] Vgl. Brudermann/Fenzl (2010), S. 405.
[65] Vgl. Gladwell (2000), S. 43 ff.
[66] Vgl. Gladwell (2000), S. 14 ff.
[67] Vgl. Rayport (1996).

ting gliedert *Gladwell* die Gesellschaft daher in Vermittler, Kenner und Verkäufer.[68] Um eine exponentielle Verbreitung zu erlangen, werden demnach hauptsächlich Vermittler benötigt. Durch die hohe Anzahl ihrer sozialen Kontakte repräsentieren sie die gesellschaftlichen Schnittstellen, da sie über viele sog. „weak ties“ verfügen, welche als Verbindung zwischen einzelnen Beziehungsnetzwerken dienen.[69] Vermittler sorgen also dafür, dass sich eine Nachricht effektiv und schnell verbreitet.[70] Der Ursprung der Botschaft liegt jedoch meist bei den Kennern. Laut *Langner* sammeln Kenner „gezielt spezifische Informationen und lassen andere an ihrem Insiderwissen teilhaben“.[71] Ihre Motive sind in diesem Kontext überwiegend altruistischer Natur.[72] Verkäufer wiederum besitzen ausgeprägte Überzeugungsfähigkeiten und können Menschen zum Handeln bewegen. Als solche übernehmen sie eine gesellschaftliche Verstärker- bzw. Filterfunktion im Rahmen sozialer Austauschprozesse. Sofern eine Botschaft das Gefallen der Verkäufer findet, bewegen sie Vermittler dazu, eine Botschaft zu verbreiten. Lehnen Verkäufer eine Botschaft ab, unterbrechen sie nicht nur deren Verbreitung, sondern erzeugen im Extremfall auch eine negative Version der Botschaft.[73] Aufgrund der spezifischen Eigenschaften der jeweiligen Gruppenmitglieder ist es für die erfolgreiche Konzeption und Verbreitung von Online-Werbespots also besonders wichtig, die interpersonellen Einflussfaktoren und Motive zu verstehen, die hinter dem Weiterleitungsverhalten eines Individuums stehen.

Nachdem nun die Begriffe Werbung und Viralität einzeln eingehend erörtert wurden, ist der nächste Abschnitt ihrer Kombination gewidmet – der viralen Werbung.

2.1.3 Definition und Abgrenzung des Begriffs virale Werbung

Um ein eindeutiges Begriffsverständnis von viraler Werbung zu erhalten, wird in diesem Kapitel die Definition des Begriffs hergeleitet, so wie er in dieser Arbeit verwendet wird. Ein Problem, das sich bei der Beschäftigung mit viraler Werbung als Forschungsgegenstand ergibt, liegt im geringen Alter des Phänomens.[74] Als relativ junger Untersuchungsgegenstand in einem sich schnell entwickelnden Medium mangelte es dem Begriff lange an einer eindeu-

---

[68] Vgl. Gladwell (2002), S. 43 ff.
[69] Vgl. Langner (2009), S. 22.
[70] Vgl. Renker (2008), S. 27; Langner (2009), S. 23.
[71] Langner (2009), S. 23.
[72] Vgl. Renker (2008), S. 27; Langner (2009), S. 23.
[73] Vgl. Gladwell (2002), S. 43 ff.; Renker (2008), S. 27; Langner (2009), S. 23.
[74] Vgl. Golan/Zaidner (2008), S. 960.

tigen Definition und Abgrenzung.[75] Dadurch wurden Begriffe wie „viral marketing“, „electronic word of mouth“, „word of mouse“ und „buzz marketing“ häufig synonym verwendet,[76] obwohl sie unterschiedliche Konzepte repräsentieren.[77] Insofern erscheint es sinnvoll, zunächst die spezifischen Eigenschaften viraler Werbung zu etablieren, um darauf aufbauend, zu einer Definition zu gelangen. Anschließend wird der Begriff von verwandten Kommunikationsformen abgegrenzt.

Wie *Porter/Golan* feststellen, handelt es sich bei viraler Werbung um unbezahlte Werbung und zwar in dem Sinne, dass kein Mediabudget für Sendeplätze veranschlagt wird.[78] Im Gegensatz zu traditioneller TV-Werbung und den vom IAB definierten Online-Video-Ad-Formaten muss der Werbetreibende bei viraler Werbung also nicht für die zu erzielenden Kontakte bezahlen.[79] In der Regel finanziert der Werbetreibende ausschließlich die Produktion des Online-Werbespots.[80] Dieser wird beim sog. *Seeding* auf unternehmenseigenen Webseiten und Social-Media-Profilen (z.B. auf Facebook) oder Video-Portalen (z.B. YouTube oder Vimeo) platziert, um sich von dort viral zu verbreiten.[81] Wenn der Spot dann von Dritten im Internet aufgegriffen und weitergeleitet wird, spricht man *Corcorans* Kategorisierung folgend von „Earned-Media“.[82]

Neben der Eigenschaft der Kostenlosigkeit verfügt virale Werbung, wie bereits erläutert, auch über einen interpersonellen Charakter, welcher sie von traditioneller TV-Werbung und entgeltlich geschalteten Online-Video-Ads unterscheidet. Zur Generierung von Kontakten ist virale Werbung abhängig von der Bereitschaft der Nutzer, den Online-Werbespot weiterzuleiten.[83] Diese Bereitschaft kann sowohl von der Quelle und dem Inhalt des Werbespots abhängen als auch von der Distributionsweise.[84] Ein weiterer Aspekt, den interpersonellen Charakter viraler Werbung betreffend, ist der sog. Empfehlungseffekt. Erhält ein Nutzer von einer Person aus seinem sozialen Umfeld einen weitergeleiteten Online-Werbespot, dann wirkt das

[75] Vgl. Eckler/Bolls (2011), S. 2.
[76] Vgl. Dobele et al. (2007), S. 292; Bampo et al. (2008), S. 273; Golan/Zaidner (2008), S. 961; Kozinets/de Vlack/Wojnicki/Wilner (2010), S. 71.
[77] Vgl. Petrescu/Korgaonkar (2011), S. 214.
[78] Vgl. Porter/Golan (2006), S. 33.
[79] Vgl. Golan/Zaidner (2008), S. 961.
[80] Vgl. Petrescu/Korgaonkar (2011), S. 220.
[81] Vgl. Porter/Golan (2006), S. 33; Petrescu/Korgaonkar (2011), S. 220.
[82] Corcoran (2009).
[83] Vgl. Golan/Zaidner (2008), S. 962; Petrescu/Korgaonkar (2011), S. 220; Eckler/Bolls (2011), S. 3.
[84] Vgl. Chiu/Hsieh/Kao/Lee (2007), S. 525 f.; Phelps et al. (2004), S. 345.

wie eine Empfehlung von dieser Person für den Spot. Da traditionelle Werbung nicht von einem entsprechenden Empfehlungseffekt profitiert, verfügt virale Werbung über einen klaren Vorteil.[85]

Bezogen auf das o.g. Abhängigkeitsverhältnis stellen *Southgate/Westoby/Page* die Frage, ob für virale Werbung eine andere Form von Werbespot nötigt ist.[86] *Porter/Golan* beschreiben diese Andersartigkeit zunächst als „somewhat extraordinary“.[87] *Langner* konstatiert, dass eine interessante und positiv ansteckende Botschaft vorliegen muss.[88] Einzelne Autoren identifizieren dabei, je nach Ausrichtung ihres Forschungsvorhabens, unterschiedliche, besonders ausgeprägte Charakteristika: die Einprägsamkeit der Botschaft, die Kontroversität, den Unterhaltungswert, den höheren Engagement-Faktor und den humoristischen Anreiz.[89] Für *Southgate/Westoby/Page* stellt die Kontroversität wiederum eine unnötige und limitierende Spezifizierung dar.[90] *Dobele et al.* und *Eckler/Bolls* beschreiben die „specific features“ mit einem Fokus auf die Emotionalität, welche Nutzer zum Weiterleiten des Online-Werbespots bewegt.[91] Nach *Golan/Zaidner* repräsentieren diese besonderen Eigenschaften in ihrer Gesamtheit die virale Komponente eines Online-Werbespot, also das Mem, welches in *Kapitel 2.1.2* erklärt wurde.[92] Da, wie aufgezeigt, bezüglich der Ausgestaltung dieser besonderen Eigenschaften keine Einigkeit in der Wissenschaft herrscht, ist eines der Ziele dieser Arbeit, diese Eigenschaften genauer zu untersuchen.

Darüber hinaus kann virale Werbung den Pull-Strategien zugeordnet werden.[93] Werbetreibende zielen beim Einsatz viraler Werbung darauf ab, dass die Internetnutzer das durch den Online-Werbespot ausgelöste, positive Gefühl auf das beworbene Produkt oder die Marke übertragen.[94] Um einen Pull-Effekt auszulösen, ist der Online-Werbespot nach *Cruz/Fill* daher „commercial-free“, d.h. er enthält keine Handlungsaufforderung (Call-to-Action).[95] Er dient

---

[85] Vgl. Phelps et al. (2004), S. 246; Chiu/Hsieh/Kao/Lee (2007), S. 525; Southgate/Westoby/Page (2010), S. 350; Eckler/Bolls (2011), S. 1.
[86] Vgl. Southgate/Westoby/Page (2010), S. 350.
[87] Porter/Golan (2006), S. 33.
[88] Vgl. Langner (2009), S. 23.
[89] Vgl. Porter/Golan (2006), S. 35 f.; Cruz/Fill (2008), S. 751; Petrescu/Korgaonkar (2011), S. 220.
[90] Vgl. Southgate/Westoby/Page (2010), S. 350.
[91] Vgl. Dobele et al. (2007), S. 292; Eckler/Bolls (2011), S. 3.
[92] Vgl. Golan/Zaidner (2008), S. 962.
[93] Vgl. Shukla (2010), S. 28.
[94] Vgl. Porter/Golan (2006), S. 33.
[95] Vgl. Cruz/Fill (2008), S. 751.

vielmehr der Unterhaltung und dem Aufbau von Produkt- und Markenbekanntheit bzw. -popularität.[96]

Aufgrund der in diesem und den vorherigen Abschnitten erläuterten Eigenschaften wird virale Werbung in Anlehnung an *Petrescu/Korgonkar* im Rahmen der vorliegenden Arbeit also wie folgt definiert: Virale Werbung bezeichnet von Unternehmen bereitgestellte oder nutzergenerierte Online-Werbespots, welche sich aufgrund spezifischer Eigenschaften, die in dieser Arbeit genauer untersucht werden sollen, via Online-Kommunikation epidemisch über die sozialen Netzwerke der Internetnutzer verbreiten.[97] Damit unterscheidet sich virale Werbung von verschiedenen verwandten Begriffen. „Electronic Word-of-Mouth" (eWoM) repräsentiert genau wie „Word-of-Mouse" die elektronische Kommunikation von Konsument zu Konsument bezüglich einer Marke oder einem Produkt, unabhängig von einem Online-Werbespot. Ähnlich dazu kennzeichnet auch der Begriff „Buzz" die Kommunikation zwischen Konsumenten bezüglich eines Produktes oder einer Marke, jedoch mit dem Unterschied, dass dabei auch andere Übertragungswege, wie traditionelles WoM und physische Interaktion, zum Einsatz kommen können.[98] Ursache für eWoM und Buzz kann das virale Marketing sein,[99] welches sowohl online als auch offline Marketingaktivitäten darstellt, die Konsumenten dazu beeinflussen sollen, eine kommerzielle Botschaft an andere weiterzugeben.[100] Somit ist virale Werbung eine konkrete Form des viralen Marketings.

Auf Basis der in *Kapitel 2.1* gelegten konzeptionellen und definitorischen Grundlagen kann in *Kapitel 2.2* nun mit der Erklärung der für das Kausalmodell wesentlichen Theorien begonnen werden.

2.2 Die Einstellungstheorie zur Erklärung des Weiterleitungsverhaltens

2.2.1 Das Konstrukt der Einstellung in Sozialpsychologie und Konsumentenverhalten

Wie in *Kapitel 2.1* dargelegt, ist virale Werbung als Untersuchungsgegenstand von der Zusammensetzung aus einer sozialen und einer objektbezogenen Komponente geprägt. Um dieser Zweiteilung gerecht zu werden, erfolgt in diesem und den beiden nachfolgenden Kapiteln die Erläuterung des Einstellungskonzepts unter eben diesen Gesichtspunkten. Daher werden

[96] Vgl. Petrescu/Korgaonkar (2011), S. 221 f.
[97] Vgl. Henning-Thurau et al. (2007), S. 38; Petrescu/Korgaonkar (2011), S. 211.
[98] Vgl. Swanepoel et al. (2009), S. 10; Petrescu/Korgaonkar (2011), S. 218.
[99] Vgl. Bampo et al. (2008), S. 273; Dobele/Toleman/Beverland (2005), S. 144.
[100] Vgl. Dobele et al. (2007), S. 291 f.; Petrescu/Korgaonkar (2011), S. 218.

sowohl sozialpsychologische Aspekte der Einstellung, welche sich auf die Verhaltensdimension viraler Werbung beziehen, als auch werbewirkungstheoretische Grundzüge, die den Gegenstandsbezug viraler Werbung charakterisieren, erläutert.

Entsprechend der Beschreibung von *Krech/Crutchfield/Ballachey* wird jeder von einem Menschen ausgeführter, sozialer Handlungsakt, wie z.B. der Kauf eines Produktes oder das Weiterleiten eines Online-Werbespots, von seinen Einstellungen beeinflusst.[101] Dieser kausale Sachverhalt wird in der Wissenschaft als Einstellung-Verhalten-Hypothese (E-V-Hypothese) bezeichnet und bildet die Grundlage für die Integration des Einstellungskonzepts zur Untersuchung *viraler Werbung* in der vorliegenden Arbeit. In der sozialpsychologischen Forschung verfügt das Einstellungskonstrukt schon seit langer Zeit über eine hohe Bedeutung.[102] Neben anderen Konzepten werden Einstellungen hier immer wieder herangezogen, um menschliche und zwischenmenschliche Verhaltensweisen vorherzusagen und zu erklären.[103] Darüber hinaus stellen Einstellungen eines der wichtigsten Konstrukte auf dem Gebiet des Konsumentenverhaltens dar. Ihre verhaltensprägende Eigenschaft, ihre Messbarkeit sowie ihre Beeinflussbarkeit, insbesondere durch kommunikative Maßnahmen, erklären ihre Bedeutung aus theoretischer Perspektive. Diese Charakteristika führen wiederum zu hohen Investitionen für die Messung und Beeinflussung von Einstellungen in der Praxis.[104] Aufgrund dieser Sonderstellung gelten Einstellungen als das am besten erforschte Konstrukt in der Theorie des Konsumentenverhaltens,[105] was zuweilen auch kontrovers beurteilt wird.[106]

Trommsdorff definiert Einstellung als „Zustand einer gelernten und relativ dauerhaften Bereitschaft, in einer entsprechenden Situation gegenüber dem betreffenden Objekt regelmäßig mehr oder weniger stark positiv bzw. negativ zu reagieren“.[107] Der Begriff Einstellungsobjekt, als ein Gebilde, auf das sich eine Einstellung bezieht, umfasst dabei Gegenstände, Personen, Themen oder Verhaltensweisen.[108] In diesem Objektbezug liegt auch der entscheidende Un-

---

[101] Vgl. Krech/Crutchfield/Ballachey (1962), S. 15.
[102] Vgl. Ajzen/Fishbein (1980), S. 13.
[103] Vgl. Sherman/Fazio (1983), S. 308; Ajzen (1991), S. 179.
[104] Vgl. Trommsdorff (2002), S. 149.
[105] Vgl. Trommsdorff (2002), S. 150.
[106] Vgl. Kroeber-Riel/Weinberg (2003), S. 168.
[107] Trommsdorff (2002), S. 150.
[108] Vgl. Trommsdorf (2002), S. 150; Meffert/Burmann/Kirchgeorg (2008), S. 121; Kroeber-Riel/Weinberg (2003), S. 169.

terschied zum enger gefassten Begriff der *Motivation.*[109] Des Weiteren lassen sich Einstellungen von *Meinungen*, verbalisierten Einstellungen,[110] von *Überzeugungen*, kognitiven Grundlagen von Einstellungen, und von *Vorurteilen* bzw. *Stereotypen*, Einstellungen besonderer Art, abgrenzen. Anders als *Gefühle* sind Einstellungen langfristiger und mit Wissen verknüpft.[111] Während einige Autoren die Begriffe Einstellung und *Image* synonym bzw. als weitgehend deckungsgleich betrachten,[112] folgt diese Arbeit der Differenzierung der Bezeichnungen nach *Trommsdorff,* welcher *Image* als mehrdimensionale, kognitiv und emotional bestimmte Grundlage von Einstellungen definiert.[113] Gerade unter Betrachtung der speziellen Ausprägung des Image-Begriffs als Produktimage und damit verbundenen Assoziationen wie Markenpersönlichkeit,[114] erscheint die Abgrenzung für diese Arbeit sinnvoll. Relativiert ein Individuum schließlich mehrere Einstellungen einander gegenüber, so gelangt man zu *Präferenzen.*[115]

Im Allgemeinen ist die Einstellungsanalyse in zwei verschiedene Ansätze untergliedert. In der ursprünglichen Betrachtungsweise der Drei-Komponenten-Theorie, im anglo-amerikanischen Raum auch als ABC-Modell (Affect, Behavior, Cognition) bekannt,[116] setzen sich Einstellungen aus drei verschiedenen Bestandteilen zusammen: einer affektiven, einer kognitiven und einer konativen Komponente.[117] Die affektive Komponente beschreibt hierbei die Gefühle, die ein Einstellungsobjekt beim Individuum auslöst. Bei der kognitiven Komponente handelt es sich um mit dem Einstellungsobjekt verbundene Gedanken und Überzeugungen. Die konative Komponente beinhaltet bestimmte Handlungstendenzen in Bezug auf das Einstellungsobjekt.[118] Dabei manifestiert sich die latente Variable Einstellung in affektiven, kognitiven und konativen Reaktionen, die als Indikatoren für die zugehörige Einstellung gelten.[119] Trotz der Aufteilung in die drei Komponenten ist jedoch zu beachten, dass diese nicht von einander unabhängig sind,[120] sondern miteinander interagieren und in wechselseitigen Beziehungen ste-

[109] Vgl. Hammann/Erichson (2000), S. 334; Meffert/Burmann/Kirchgeorg (2008), S. 121.
[110] Vgl. Hammann/Erichson (2000), S. 334.
[111] Vgl. Trommsdorff (2002), S. 150.
[112] Vgl. Hammann/Erichson (2000), S. 336; Kroeber-Riel/Weinberg (2003), S. 168; Meffert/Burmann/Kirchgeorg (2008), S. 121.
[113] Vgl. Trommsdorff (2003), S. 150.
[114] Vgl. Solomon/Bamossy/Askegaard (2001), S. 32; Trommsdorff (2003), S. 158.
[115] Vgl. Trommsdorff (2003), S. 150.
[116] Vgl. Solomon/Bamossy/Askegaard (2001), S. 155.
[117] Vgl. Hamann/Erichson (2000), S. 334.
[118] Vgl. Soloman/Bamossy/Askegaard (2001), S. 155; Meffert/Burmann/Kirchgeorg (2008), S. 122.
[119] Vgl. Ajzen (1993), S. 42.
[120] Vgl. Trommsdorff (2003), S. 155.

hen.[121] Im Laufe der Erforschung des Einstellungskonstrukts entwickelte sich jedoch Kritik an der Drei-Komponenten-Theorie, besonders an der Einbeziehung der konativen Komponente.[122]

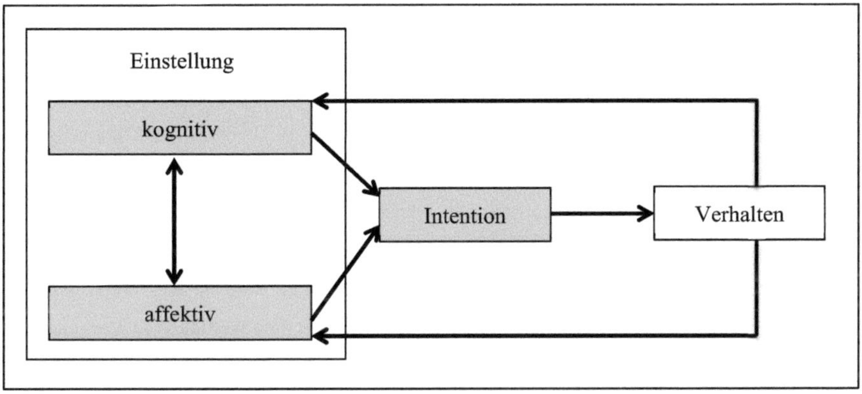

Abbildung 2: Kausaler Zusammenhang der Einstellungskomponenten[123]

Aus dieser Kritik entstand die heute vorherrschende Konzeptualisierung des Einstellungskonstrukts, die lediglich die affektive und kognitive Komponente enthält.[124] Die konative Komponente gilt dabei als eigenständiges Konstrukt und wird als Verhaltensabsicht oder Intention bezeichnet. Im Gegensatz zur traditionellen Perspektive, der zufolge die Einstellung direkt auf das Verhalten wirkt, beeinflusst die Einstellung nach neuerer Sichtweise das Verhalten indirekt über die Intention. *Abbildung 2* veranschaulicht diesen Zusammenhang grafisch. Situative Faktoren können dabei Auswirkungen auf die Intention haben und das Verhalten zusätzlich beeinflussen.[125] Im Einklang mit dieser Sichtweise entwickelten *Fishbein/Ajzen* die Theorie des überlegten Handelns (1975). Zusammen mit ihrer Überarbeitung in Form der Theorie des geplanten Verhaltens (1980) dient sie als Grundlage zur Analyse der Verhaltensdimension *viraler Werbung* und stellt daher den Gegenstand des nächsten Kapitels dar.

---

[121] Vgl. Kroeber-Riel/Weinberg (2003), S. 171.
[122] Vgl. Fishbein/Ajzen (1975), S. 16.
[123] In Anlehnung an Trommsdorf (2003), S. 155.
[124] Vgl. Hammann/Erichson (2000), S. 334.
[125] Vgl. Hammann/Erichson (2000), S. 334 f.; Trommsdorf (2003), S. 151.

2.2.2 Die Theorie des überlegten Handelns und die Theorie des geplanten Verhaltens

Die Theorie des geplanten Verhaltens (engl.: Theory of Planned Behavior (TPB)) und die Theorie des überlegten Handelns (engl.: Theory of Reasoned Action (TRA)) sind dem Bereich der psychologischen Handlungstheorien unterzuordnen und basieren hauptsächlich auf dem Gedankengut der Rational-Choice-Theorie.[126] *Rossmann* zufolge lassen sich Handlungstheorien in vier Gruppen unterteilen: (1) Theorien zur Erklärung, weshalb sich Individuen für ein bestimmtes Verhalten entscheiden, (2) Theorien, die sich mit der Umsetzung von Handlungen befassen, (3) kybernetischen Handlungstheorien und (4) Theorien zur Erklärung von Verhaltenskontrolle. Die TRA und die TPB gehören der ersten Kategorie an. Somit liegt ihr Ziel in der Erklärung und der Vorhersage von menschlichen Verhaltensweisen.[127] Grund für die Überlegungen *Fishbeins* und *Ajzens* war die Tatsache, dass die Psychologie auch nach jahrzehntelanger Einstellungsforschung weder dazu in der Lage war, die E-V-Hypothese zu verifizieren, noch sie zu falsifizieren.[128] Im Gegensatz zum bis dato weitläufigen Vorgehen in der Forschung versuchen *Fishbein* und *Ajzen,* Verhalten mit Hilfe einer begrenzten Anzahl an Determinanten zu untersuchen und hervorzusagen.[129]

Um menschliches Verhalten mit Hilfe der TRA zu analysieren, werden zwei Annahmen getroffen. Zum einen gehen die Autoren in Anlehnung an die Rational-Choice-Theorie von rational denkenden und handelnden Individuen aus: „People use the information available to them in a reasonable manner to arrive at their decisions. This is not to say that their behavior will always be reasonable or appropriate from an objective point of view. People's information is often incomplete and at times incorrect".[130] Zum anderen nehmen sie an, dass Individuen über willentliche Kontrolle in Bezug auf das zu untersuchende Verhalten verfügen, d.h. sie sind dazu in der Lage, die Verhaltensweise ohne Probleme auszuführen.[131] Darüber hinaus muss eine Verhaltensweise hinsichtlich vier Dimensionen definiert sein: (1) Handlung, (2) Ziel, (3) Kontext und (4) Zeit.[132] Der genaue Spezifizierungsgrad des Verhaltens bezogen auf jede einzelne der Dimensionen kann dabei variieren.[133]

[126] Vgl. Rossmann (2009), S. 29.
[127] Vgl. Fishbein/Ajzen (2010), S. 29.
[128] Vgl. Rossmann (2009), S. 12.
[129] Vgl. Fishbein/Ajzen (2010), S. 39.
[130] Ajzen/Fishbein (1980), S. 244.
[131] Vgl. Shepard/Hartwick/Warshaw (1988), S. 326.
[132] Vgl. Fishbein/Ajzen (2010), S. 29.
[133] Vgl. Rossmann (2009), S. 15.

Als zentrales Element und direkte Antezedens des Verhaltens dient in beiden Theorien die Intention des Individuums, ein gewisses Verhalten auszuüben.[134] Die Verhaltensintention definieren *Fishbein/Ajzen* dabei als Indikatoren für die Bereitschaft einer Person, ein gewisses Verhalten auszuführen.[135] Als solche erfassen Verhaltensintentionen motivationale Faktoren und beschreiben, wie viel Einsatz eine Person aufbringt, um ein Verhalten auszuüben.[136] Aufgrund dieser beiden Eigenschaften, also der direkten Beeinflussung von Verhalten sowie der Erfassung motivationaler Faktoren, ist die Verhaltensintention von essentieller Bedeutung für die vorliegende Arbeit. Im Bezugssystem der TRA wird die Verhaltensintention durch zwei Komponenten beeinflusst: Der Einstellung gegenüber dem zu untersuchenden Verhalten sowie der sozialen Norm.[137] Die TPB beinhaltet zudem die wahrgenommen Verhaltenskontrolle als Antezedens der Verhaltensintention.[138]

Wie bereits im vorherigen Kapitel beschrieben, handelt es sich bei der Einstellung gegenüber einem Verhalten um die positive bzw. negative Bewertung des in Frage stehenden Verhaltens.[139] Der TRA und der TPB zufolge formen Individuen Einstellung nach dem Prinzip des Erwartungs-Bewertungs-Modells.[140] Demnach beruht die Einstellungsbildung auf bestimmten Überzeugungen (Beliefs),[141] die gebildet werden, indem eine Person das Einstellungsobjekt (z.B. Weiterleitungsverhalten) mit bestimmten Attributen (z.B. sinnvoll) assoziiert.[142] Diese Überzeugungen können entweder durch direkte Beobachtung entstehen oder indirekt über Dritte akquiriert werden und weisen Unterschiede bezüglich ihrer zeitlichen Stabilität auf.[143] Obwohl Individuen oft eine große Anzahl an Überzeugungen besitzen, sind sie lediglich dazu in der Lage eine kleine Anzahl von ca. acht bis neun sog. salienter Überzeugungen zu beachten.[144] Proportional zur ihrer Ausprägungsstärke tragen die einzelnen salienten Überzeugungen dann zur Formung der Einstellung bei.[145] Die Einstellung ergibt sich also aus der Summe der Produkte der Bewertungen der einzelnen salienten Überzeugungen und deren Ausprä-

---

[134] Vgl. Ajzen (1993), S. 48.
[135] Vgl. Fishbein/Ajzen (2010), S. 39.
[136] Vgl. Ajzen (1993), S. 48.
[137] Vgl. Fishbein/Yzer (2003), S. 165; Rossmann (2009), S. 11.
[138] Vgl. Madden/Scholder Ellen/Ajzen (1992), S. 3; Ajzen (1993), S. 49.
[139] Vgl. Rossmann (2009), S. 16; Fishbein/Ajzen (2010), S. 76.
[140] Vgl. Rossmann (2009), S. 20.
[141] Vgl. Ajzen (1991), S. 189.
[142] Vgl. Ajzen (1993), S. 44; Rossmann (2009), S. 19.
[143] Vgl. Fishbein/Ajzen (2010), S. 96.
[144] Vgl. Ajzen (1991), S. 189; Ajzen (1993), S. 44.
[145] Vgl. Fishbein/Yzer (2003), S. 165; Rossmann (2009), S. 21.

gungsstärke.[146] Dieser Zusammenhang wird in der folgenden Formel mathematisch dargestellt. A_B repräsentiert hierbei die Einstellung (Attitude) gegenüber dem Verhalten B, b_i steht für die Ausprägungsstärke der Überzeugung (Belief Strength) i und e_i beschreibt die positive bzw. negative Bewertung (Evaluation) der Überzeugung i.

$$A_B \propto \sum_{i=1}^{n} b_i \, e_i$$

Die subjektive Norm repräsentiert den sozialen Druck, den eine Person hinsichtlich der Ausführung oder Nicht-Ausführung einer bestimmten Verhaltensweise verspürt.[147] Ähnlich dem Einstellungskonstrukt basiert auch die subjektive Norm auf dem Erwartungs-Bewertungs-Modell. Subjektive Normen beziehen sich dabei immer auf dem Individuum nahestehende bzw. wichtige Bezugspersonen oder -personengruppen. Diese können, je nach Art des zu untersuchenden Verhaltens, variieren.[148] Subjektive Normen setzen sich aus zwei verschiedenen Formen von Normen zusammen. Die sog. injunktiven Normen beschreiben die individuelle Wahrnehmung, ob wichtige Bezugspersonen das Verhalten gutheißen oder ablehnen. Die sog. deskriptiven Normen spiegeln die individuelle Wahrnehmung wider, ob wichtige Personen das jeweilige Verhalten selbst ausüben oder nicht.[149] Da es zu Konstellationen kommen kann, in denen eine Bezugsperson ein Verhalten zwar ablehnt, dieses Verhalten aber selbst ausübt (oder umgekehrt), müssen injunktive und deskriptive Normen gemeinsam berücksichtigt werden, um subjektive Normen adäquat zu erfassen.[150] In ihrer Gesamtheit können subjektive Normen also, je nach ihrer Ausprägung, sozialen Druck auf eine Person ausüben, der sie dazu bewegt, ein Verhalten auszuführen bzw. dessen Ausführung zu unterlassen.[151] Eine weitere Komponente, die in diesem Zusammenhang eine Rolle spielt, ist die Motivation des Individuums, sich diesem sozialen Druck zu fügen.[152] Diese Motivation ist wiederum von Bezugsperson zu Bezugsperson verschieden.[153] Die subjektive Norm ergibt sich also aus der Summe der Produkte der normativen Überzeugungen der einzelnen Bezugspersonen und der dazugehöri-

[146] Vgl. Ajzen (1991), S. 190; Fishbein/Ajzen (2010), S. 97.
[147] Vgl. Ajzen (1991), S. 188; Ajzen (1993), S. 49.
[148] Vgl. Rossmann (2009), S. 21.
[149] Vgl. Fishbein/Yzer (2003), S. 166; Fishbein/Ajzen (2010), S. 131.
[150] Vgl. Fishbein/Ajzen (2010), S. 131.
[151] Vgl. Rossmann (2009), S. 21.
[152] Vgl. Fishbein/Yzer (2003), S. 167; Rossmann (2009), S. 21.
[153] Vgl. Rossmann (2009), S. 21.

gen Motivation, dieser Überzeugung Folge zu leisten.[154] Die folgende Formel stellt diesen Zusammenhang mathematisch dar. SN_B beschreibt die subjektive Norm bezogen auf das Verhalten B, n_i steht für die normativen Überzeugungen (normative beliefs) in Bezug auf Person i und m_i repräsentiert die Motivation, sich an Bezugsperson i zu orientieren (motivation to comply).

$$SN_B \propto \sum_{i=1}^{n} n_i\, m_i$$

Die Einbeziehung der Verhaltenskontrolle in der TPB basiert auf der Beobachtung, dass Personen ihre Verhaltensintention nur dann in die Tat umsetzen können, wenn sie dessen Umsetzung willentlich kontrollieren können.[155] Die willentliche Kontrolle kann dabei von internen und externen Faktoren abhängen.[156] Sie moderiert die Intention-Verhaltens-Beziehung derart, dass der Effekt der Intention auf das Verhalten hoch ist, wenn auch die Kontrolle hoch ist und umgekehrt.[157] Da sich die Determinanten der willentlichen Kontrolle jedoch von Verhalten zu Verhalten und von Person zu Person unterscheiden können, gestaltet sich deren Messung schwierig.[158] Die der TRA zu Grunde liegende Annahme der vollständigen Kontrolle über das Verhalten wird bei der TPB also nicht getroffen. Stattdessen integriert die TPB die Kontrollkomponenten in das Strukturmodell mit Hilfe des Konstrukts der wahrgenommenen Kontrolle. *Fishbein/Ajzen* definieren die wahrgenommene Kontrolle als die Wahrnehmung einer Person, zu welchem Grad sie die Ausübung eines Verhaltens kontrollieren kann.[159] Die wahrgenommene Kontrolle einer Person wird von der Überzeugung determiniert, wie stark einzelne Faktoren die Ausführung eines Verhaltens beeinflussen. Diese Überzeugungen beruhen auf eigenen Erfahrungen, den Erfahrungen Dritter sowie weiterer interner und externer Faktoren.[160] Die wahrgenommene Kontrolle ergibt sich somit aus der Summe der Produkte der Überzeugung des Einflusses einzelner Faktoren und der dazugehörigen Stärke des Einflusses.[161] Dieser Zusammenhang wird in der folgenden Formel mathematisch dargestellt. PBC_B steht dabei für die wahrgenommen Kontrolle bezüglich eines Verhaltens B (perceived beha-

[154] Vgl. Ajzen (1991), S. 195; Fishbein/Ajzen (2010), S. 137.
[155] Vgl. Ajzen (1993), S. 49.
[156] Vgl. Rossmann (2009), S. 23 f.
[157] Vgl. Fishbein/Ajzen (2010), S. 64.
[158] Vgl. Rossmann (2009), S. 24.
[159] Vgl. Fishbein/Ajzen (2010), S. 64.
[160] Vgl. Ajzen (1991), S. 196; Rossmann (2009), S. 24.
[161] Vgl. Ajzen (1991), S. 196 f.; Fishbein/Ajzen (2010), S. 170.

vioral control), c_i beschreibt die Vorstellung, dass Faktor i einen positiven respektive negativen Einfluss auf die Ausführung des Verhaltens hat (control belief), und p_i repräsentiert die Stärke der Einflussnahme des Faktors i auf die Ausführung des Verhaltens (power).

$$PBC_B \propto \sum_{i=1}^{n} c_i \, p_i$$

Innerhalb der TRA und der TPB werden Verhaltensintentionen also von der Einstellung und der subjektiven Norm hinsichtlich des Verhaltens bzw. der Einstellungen, der subjektiven Norm und der wahrgenommenen Kontrolle hinsichtlich des Verhaltens determiniert.[162] Dies gilt für einzelne Verhaltensweisen, Verhaltenskategorien oder Ziele, die mit Hilfe eines bestimmten Verhaltens erreicht werden sollen.[163] *Abbildung 3* veranschaulicht den Zusammenhang der einzelnen Konstrukte der TPB grafisch an Hand eines Strukturmodells. Wichtig ist hierbei die Tatsache, dass die wahrgenommene Verhaltenskontrolle sowohl indirekt über die Verhaltensintention auf das Verhalten wirken kann als auch einen direkten Effekt auf das Verhalten haben kann.[164] Der indirekte Pfad basiert dabei auf der Annahme, dass die wahrgenommene Verhaltenskontrolle motivationale Effekte auf die Verhaltensintention hat. Der direkte Pfad repräsentiert die tatsächliche Kontrolle eines Individuums in Bezug auf das in Frage kommende Verhalten.[165] Der relative Beitrag von Einstellung, subjektiver Norm und wahrgenommener Kontrolle kann dabei von Verhalten zu Verhalten und von Person zu Person variieren. Diese Unterschiede im Beitrag können dabei derart extrem ausfallen, dass eine oder zwei der Komponenten keinen statisch signifikanten Einfluss auf die Verhaltensintention aufweisen.[166]

Neben der Verhaltensforschung greift auch die Werbewirkungsforschung das Einstellungskonstrukt zur Untersuchung verschiedener Sachverhalte auf. Besondere Bedeutung hat in diesem Zusammenhang das Modell der Einstellung gegenüber der Werbung erlangt.[167] Der darin verwendete Ansatz eignet sich gut für die Analyse der objektbezogenen Komponente viraler Werbung und stellt deshalb den Gegenstand des nächsten Kapitels dar.

[162] Vgl. Ajzen (1991), S. 188; Madden/Scholder Ellen/Ajzen (1992), S. 4.
[163] Vgl. Fishbein/Ajzen (2010), S. 180.
[164] Vgl. Rossmann (2009), S. 25.
[165] Vgl. Madden/Scholder Ellen/Ajzen (1992), S. 4.
[166] Vgl. Ajzen (1991), S. 188 f.; Fishbein/Yzer (2003), S. 167; Fishbein/Ajzen (2010), S. 180.
[167] Vgl. MacKenzie/Lutz (1989), S. 48.

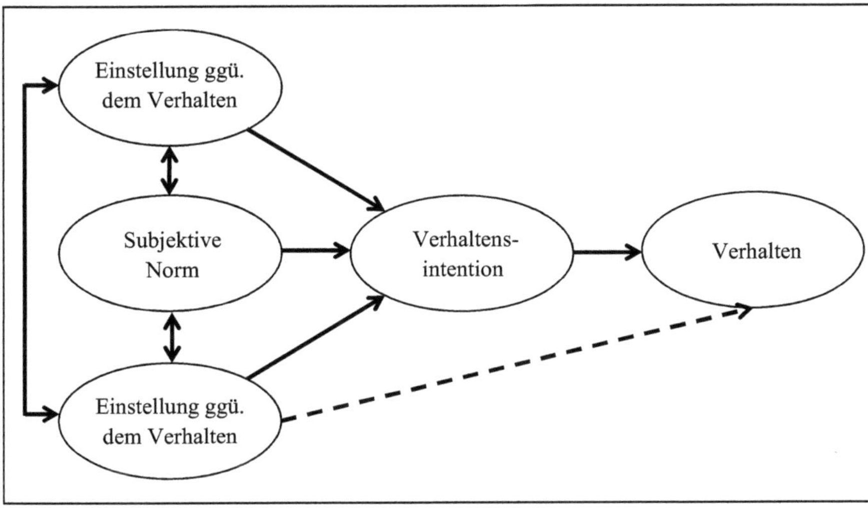

Abbildung 3: Strukturmodell der Theorie des geplanten Verhaltens (TPB)[168]

2.2.3 Das Modell der Einstellung gegenüber der Werbung

Analog zur TRA und zur TPB postuliert auch das von *MacKenzie/Lutz* etablierte Modell der Einstellung gegenüber der Werbung einen Einfluss des Einstellungskonstrukts auf verschiedene nachgeordnete Konstrukte.[169] Die theoretische Basis des Modells bilden die TRA und das Modell der Elaborationswahrscheinlichkeit (Elaboration-Likelyhood-Model (ELM)) nach *Petty/Cacioppo*.[170]Als Einstellungsobjekt dient hierbei ein einzelner Werbestimulus, also eine Anzeige, ein Radiospot, ein TV-Spot, ein Online-Werbespot oder jede andere Form der werblichen Ansprache.[171] Wie im vorherigen Kapitel bereits erwähnt, ist das Modell in das Gebiet der Werbewirkungsforschung einzuordnen.[172] Die Einstellung gegenüber eines einzelnen Werbestimulus, im Folgenden als „Attitude toward the Ad " (A_{Ad}) bezeichnet, kann dabei sowohl in Pretest-Situationen als auch in natürlichen Wahrnehmungssituationen einen Mediatoreffekt auf nachgeordnete Konstrukte ausüben.[173] Wie der Begriff Mediator bereits suggeriert, identifizieren die Forscher zudem mehrere Antezedenzien, welche die A_{Ad} beeinflus-

[168] In Anlehnung an Ajzen (1991), S. 182.

[169] Vgl. Lutz/MacKenzie/Belch (1983), S. 532; MacKenzie/Lutz/Belch (1986), S. 131; MacKenzie/Lutz (1989), S. 48.

[170] Vgl. Lutz (1985), S. 45; MacKenzie/Lutz/Belch (1986), S. 130.

[171] Vgl. Brown/Stayman (1992), S. 36.

[172] Vgl. MacKenzie/Lutz (1986), S. 131.

[173] Vgl. Mitchel/Olson (1981), S. 330; Shimp (1981), S. 12; Lutz/MacKenzie/Belch (1983), S. 532.

sen.[174] Das Ziel der Autoren bei der Entwicklung des Modells ist, die Determinanten der A_{Ad} und deren nachgelagerte Konstrukte in einen geordneten Modellrahmen einzubetten, der die Einflüsse der Konstrukte untereinander widerspiegelt, um die verschiedenen affektiven und kognitiven Reaktion auf einen Werbestimulus untersuchen zu können.[175] In Anlehnung an die Überlegungen von *Fishbein/Ajzen* definieren *MacKenzie/Lutz* die A_{Ad} als Prädisposition, auf einen bestimmten Werbestimulus in einer gewissen Wahrnehmungssituation positiv oder negativ zu reagieren.[176] Diese Definition bezieht sich auf einen bestimmten Werbestimulus in einer bestimmten Wahrnehmungssituation und ist nicht mit der Einstellung der Konsumenten bezogen auf Werbung im Allgemeinen zu verwechseln. Als situationsbezogene Variable übt die A_{Ad} also zum Zeitpunkt der Wahrnehmung des Werbestimulus oder direkt danach den größten Effekt auf die ihr nachgelagerten Konstrukte aus (z.B. die Weiterleitungsabsicht).[177] Dieser Sachverhalt ist für die vorliegende Arbeit von hoher Bedeutung, da das Weiterleiten eines Online-Werbespots i.d.R. unmittelbar nach dem Ansehen erfolgt.

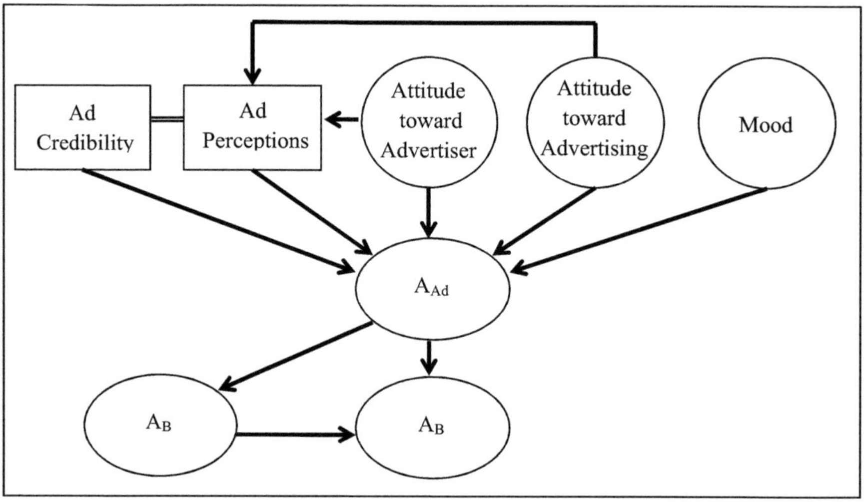

Abbildung 4: Das Modell der Einstellung gegenüber der Werbung[178]

[174] Vgl. Lutz/MacKenzei/Belch (1983), S. 537.
[175] Vgl. Lutz/MacKenzie/Belch (1983), S. 537; MacKenzie/Lutz (1989), S. 49.
[176] Vgl. MacKenzie/Lutz/Belch (1986), S. 130 f.
[177] Vgl. Lutz (1985), S. 46.
[178] In Anlehnung an MacKenzie/Lutz (1989), S. 53.

Wie oben bereits erwähnt, wird die A_{Ad} von mehreren Determinanten erster Ordnung beeinflusst. Diese wiederum sind selbst von sog. Subsystemen zweiter Ordnung abhängig.[179] *Abbildung 4* zeigt das Beziehungsgeflecht zwischen der A_{Ad} und ihren Antezedenzien erster Ordnung, die, dem ELM entsprechend, auf einem Kontinuum von zentraler zu peripherer Verarbeitung von links nach rechts angeordnet sind.

Die Glaubwürdigkeit des Werbestimulus (Ad Credibility) ist definiert als das Ausmaß der Glaubwürdigkeit der Aussagen, die im Werbestimulus bezüglich der Marke getroffen werden.[180] Anhand ihrer Anordnung ganz links (s. *Abbildung 4*) wird deutlich, dass sie der zentralen Verarbeitung zuzuordnen ist. Das bedeutet, der Konsument formt seine Einstellung gegenüber dem Werbestimulus aufgrund seiner Wahrnehmungen bezüglich dessen Glaubwürdigkeit.[181] Letztere ist nur eine von vielen möglichen Wahrnehmungsreaktionen auf einen Werbestimulus. Sie wird jedoch wegen der umfangreichen Forschungsergebnisse im Bereich der „persuasion" als eigenständiges Konstrukt angesehen. Alle weiteren Wahrnehmungsreaktionen werden im Konstrukt Wahrnehmungen bezüglich des Werbestimulus (Ad Perceptions) subsummiert. Die doppelte Verbindungslinie zwischen den beiden Konstrukten in *Abbildung 4* soll die zuvor beschriebene Verwandtschaft grafisch darstellen.[182] Die Glaubwürdigkeit, so postuliert das Modell, hat einen positiven Einfluss auf die A_{Ad}, ceteris paribus führt eine steigende Glaubwürdigkeit des Werbestimulus also zu einer insgesamt positiveren Einstellung gegenüber diesem.[183] Der Effekt der Glaubwürdigkeit des Werbestimulus auf die A_{Ad} erfolgt dabei entsprechend dem Erwartungs-Bewertungs-Modell,[184] welches bereits im vorherigen Kapitel beschrieben wurde. Die Glaubwürdigkeit des Werbestimulus selbst besitzt ein Subsystem aus drei Determinanten, welche alle direkten Einfluss ausüben: (1) Die Diskrepanz der Aussagen des Werbestimulus, (2) die Glaubwürdigkeit von Werbung im Allgemeinen sowie (3) die Glaubwürdigkeit des Werbetreibenden.[185] Je größer die Diskrepanz zwischen den im Werbestimulus getroffen Aussagen bezüglich der Marke und den tatsächlichen Eigenschaften bzw. dem tatsächlichen Nutzen ist, desto unglaubwürdiger erscheint der Stimulus.[186] Die Wahrnehmung der Glaubwürdigkeit von Werbung im Allgemeinen wirkt sich positiv auf die

[179] Vgl. Lutz (1985), S. 47.
[180] Vgl. Lutz/MacKenzie/Belch (1983), S. 537; Lutz (1985), S. 49; MacKenzie/Lutz (1989), S. 51.
[181] Vgl. Lutz (1985), S. 49.
[182] Vgl. Lutz/MacKenzie/Belch (1983), S. 537; Lutz (1985), S. 49; MacKenzie/Lutz (1989), S. 51.
[183] Vgl. Lutz (1985), S. 49.
[184] Vgl. Lutz/MacKenzie/Belch (1983), S. 537; Lutz (1985), S. 49.
[185] Vgl. Lutz/MacKenzie/Belch (1983), S. 537; Lutz (1985), S. 49; MacKenzie/Lutz (1989), S. 51.
[186] Vgl. Lutz/MacKenzie/Belch (1983), S. 537; Lutz (1985), S. 49.

Glaubwürdigkeit des Werbespots aus.[187] Auch die Glaubwürdigkeit der Werbung im Allgemeinen ist wieder nur eine von vielen Wahrnehmungsreaktionen zu Werbung im Allgemeinen.[188] Die Glaubwürdigkeit des Werbetreibenden wirkt sich ebenfalls positiv auf die Glaubwürdigkeit des Werbestimulus aus und ist nur eine von vielen Wahrnehmungsreaktionen bezüglich des Werbetreibenden.[189] Der Einfluss der Glaubwürdigkeit des Werbetreibenden und der Glaubwürdigkeit von Werbung im Allgemeinen wird hierbei mit dem Streben des Individuums nach logischer Konsistenz erklärt.[190]

Die Wahrnehmungen bezüglich des Werbestimulus (Ad Perceptions) beschreiben die Vielfalt der weiteren Wahrnehmungsreaktionen bezüglich der Exekution des Werbestimulus. Alle Wahrnehmungsreaktionen, welche die Marke betreffen, werden jedoch ausgegrenzt.[191] Auch hier erfolgt der Effekt auf die A_{Ad} gemäß dem Erwartungs-Bewertungs-Modell.[192] Einflussfaktoren der Wahrnehmungen bezüglich des Werbestimulus sind dessen exekutionale Eigenschaften, die Einstellung des Individuum hinsichtlich Werbung im Allgemeinen (Attitude toward Advertising) und die Einstellung gegenüber dem Werbetreibenden (Attitude toward the Advertiser). Die Verarbeitung und Interpretation der Charakteristika, welche die Exekution betreffen, erfolgt dabei über die zentrale Route und führt so zur Formung der Einstellung. Die zwei einstellungsbezogenen Determinanten zeigen, dass der Wahrnehmungsprozess durch affektive Komponenten beeinflusst werden kann.[193] Dabei berufen sich *MacKenzie/Lutz* auf *Fazio/Zanna,* in deren „Process Model" Einstellungen den Prozess der Informationsverarbeitung „leiten". Die Ergebnisse von *MacKenzie/Lutz* bestätigen dies.[194]

Die Einstellung gegenüber dem Werbetreibenden beeinflusst die A_{Ad} sowohl indirekt, wie bereits beschrieben, als auch direkt. Sie beschreibt die Prädisposition, konsistent positiv oder negativ auf die jeweilige Organisation zu reagieren, die der Absender des Werbestimulus ist.[195] Im Gegensatz zur A_{Ad} gilt die Einstellung gegenüber dem Werbetreibenden als zeitlich stabiler und repräsentiert eine Ansammlung von Informationen und Erfahrungen über einen

[187] Vgl. Lutz (1985), S. 49.
[188] Vgl. Lutz (1985), S. 49; MacKenzie/Lutz (1989), S. 51.
[189] Vgl. Lutz (1985), S. 50.
[190] Vgl. MacKenzie/Lutz/Belch (1983), S.537.
[191] Vgl. Lutz (1985), S. 50; MacKenzie/Lutz (1989), S. 51.
[192] Vgl. Lutz/MacKenzie/Belch (1983), S. 537.
[193] Vgl. MacKenzie/Lutz (1989), S. 51 ff.
[194] Vgl. MacKenzie/Lutz/Belch (1986), S. 140; MacKenzie/Lutz (1989), S. 53.
[195] Vgl. Lutz (1985), S. 53; MacKenzie/Lutz (1989), S. 53.

längeren Zeitraum hinweg.[196] *MacKenzie/Lutz* erklären die Wirkung des Konstrukts auf die A_{Ad} mit Hilfe des sog. „spillover effects".[197] Demnach wälzt das Individuum in der Vergangenheit gemachte Wahrnehmungen hinsichtlich des Werbetreibenden auf die affektiven und kognitiven Reaktionen bezüglich des Werbestimulus über; ein Prozess, der mehr oder weniger automatisch und mit geringer kognitiver Aktivität von statten geht.[198] Dem Erwartungs-Bewertungs-Modell folgend basiert auch die Einstellung gegenüber dem Werbetreibenden auf den Wahrnehmungen gegenüber selbigem.[199]

Die Einstellung gegenüber der Werbung definiert *Lutz* als die Prädisposition, konsistent positiv oder negativ auf Werbung im Allgemeinen zu reagieren.[200] Auch sie hat neben dem indirekten Effekt über die Wahrnehmung des Werbestimulus einen direkten Effekt auf die A_{Ad}. Letzterer beruht auf dem Prinzip der Verallgemeinerung, wodurch die generellen affektiven Reaktionen in Bezug auf Werbung die Einstellung gegenüber einem spezifischen Werbestimulus beeinflussen.[201] Das Erwartungs-Bewertungs-Modell wird auch hier zur Erklärung der Einstellungsbildung zu Grunde gelegt.[202]

Die Stimmung (Mood) stellt den affektiven Zustand des Individuums zum Zeitpunkt der Wahrnehmung des Werbestimulus dar.[203] Konzeptionell ähnelt dieses Konstrukt *Rokeachs* „attitude-toward-the-situation", *Russel/Mehrabians* „pleasure dimension of situations" und *Czikszentmihalyi/Kubeys* „situational affect".[204] Der Effekt der Stimmung überträgt sich auf die A_{Ad} durch den sog. affektiven Transfer und geschieht vollkommen automatisch.[205] Die Stimmung selbst wird von drei Determinanten direkt beeinflusst: (1) exekutionalen Eigenschaften des Werbestimulus, (2) individuellen Unterschieden und (3) dem Wahrnehmungskontext. Die exekutionalen Eigenschaften beeinflussen die affektiven Reaktionen auf den Werbestimulus und haben dadurch einen Effekt auf die Stimmung des Individuums.[206] Die individuellen Unterschiede spiegeln die Unterschiede in den Wesenszügen der Individuen dar,

---

[196] Vgl. Lutz/MacKenzie/Belch (1983), S. 537; Lutz (1985), S. 53; MacKenzie/Lutz (1989), S. 53.
[197] MacKenzie/Lutz (1989), S. 53.
[198] Vgl. Lutz/MacKenzie/Belch (1983), S. 537; Lutz (1985), S. 53; MacKenzie/Lutz (1989), S. 53.
[199] Vgl. Lutz (1985), S. 53.
[200] Vgl. Lutz/MacKenzie/Belch (1983), S. 538; Lutz (1985), S. 53.
[201] Vgl. MacKenzie/Lutz (1989), S. 54.
[202] Vgl. Lutz (1985), S. 54.
[203] Vgl. Lutz/MacKenzie/Belch (1983), S. 538; Lutz (1985), S. 54; MacKenzie/Lutz (1989), S. 54.
[204] Vgl. Lutz (1985), S. 54.
[205] Vgl. Lutz/MacKenzie/Belch (1983), S. 538; Lutz (1985), S. 54; MacKenzie/Lutz (1989), S. 54.
[206] Vgl. MacKenzie/Lutz (1989), S. 54.

welche in einer allgemein positiveren oder negativeren Disposition gegenüber sämtlichen Situationen resultieren.[207] Der Wahrnehmungskontext wiederum besteht aus mehreren Komponenten – dem sog. „Ad Clutter“, dem redaktionellen oder programmbezogenen Kontext und der Art der Wahrnehmungssituation – die alle gemeinsam auf die Stimmung einwirken.[208]

Darüber hinaus enthält das Modell mit dem „Ad-Message-Involvement“ (AMI) und dem „Ad-Execution-Involvement“ (AEI) zwei moderierende Variablen.[209] Das AMI beschreibt, wie stark sich das Individuum mit der Botschaft des Werbestimulus auseinandersetzt. Das AEI repräsentiert den Grad der Auseinandersetzung des Individuums mit den exekutionalen Faktoren des Werbestimulus. Ist das AEI hoch, erwarten *MacKenzie/Lutz* eine Verarbeitung, die sich tendenziell stärker über die zentrale Route abspielt. Bei niedrigem AEI erfolgt die Verarbeitung stärker über die periphere Route innerhalb des ELM. Das AMI gilt als zentraler Gradmesser für die Formung der Einstellung der Marke über die zentrale Route.[210] Je nach Ausprägung dieser beiden Variablen ergeben sich also vier verschiedene Prozess-Modelle der Einstellungsbildung als Reaktion auf einen Werbestimulus, die verschiedene Wahrnehmungssituationen charakterisieren.[211] Der rein affektive Transfer (Pure Affective Transfer) kennzeichnet die natürliche Wahrnehmung der Werbung, insbesondere TV Werbung. AMI und AEI sind dabei beide schwach ausgeprägt. Der kontextuell evaluierende Transfer (Contextual Evaluation Transfer) beschreibt Pretest-Situationen. Das AMI ist hierbei schwach ausgeprägt, das AEI ist jedoch hoch. Basiert die Überzeugung auf der Botschaft (Message-Based Persuasion), dann ist das AMI hoch, aber das AEI niedrig. Ein solcher Verarbeitungsprozess findet in Situationen statt, in denen das Individuum gezielt nach Produktinformationen sucht. Die duale Überzeugung (Duale-Mode Persuasion) erfolgt in Situationen in denen sowohl AMI und AEI hoch sind. Zusätzlich zur überzeugenden Information beinhaltet ein Werbestimulus hier exekutionale Besonderheiten, welche einen affektiven Beitrag zur Einstellungsbildung leisten.[212]

Die für die vorliegende Arbeit durchgeführte Studie kommt einer Pretest-Situation am nächsten, sodass besonders exekutionale Faktoren bei der Bildung der Einstellung gegenüber dem

[207] Vgl. Lutz/MacKenzie/Belch (1983), S. 538; Lutz (1985), S. 54; MacKenzie/Lutz (1989), S. 54.
[208] Vgl. MacKenzie/Lutz (1989), S. 54.
[209] Vgl. MacKenzie/Lutz (1989), S. 54.
[210] Vgl. MacKenzie/Lutz (1989), S. 49 f.
[211] Vgl. MacKenzie/Lutz (1989), S. 52.
[212] Vgl. Lutz (1985), S. 57 f.

Online-Werbespot eine Rolle spielen. Gleiches ist für die natürliche Wahrnehmungssituation von Online-Werbespots anzunehmen, da Personen sich diese, wie in *Kapitel 2.1.1* beschrieben, freiwillig anschauen. Daher widmen sie dem Online-Werbespot wie in einer Pretest-Situation intensive Aufmerksamkeit und weisen ein hohes Involvement hinsichtlich der Exekution auf.[213]

Nachdem mit Erläuterung der TRA bzw. der TPB und dem Modell der Einstellung gegenüber der Werbung die theoretischen Grundlagen für die Verhaltensdimension bzw. Gegenstandsdimension des Forschungsvorhabens gelegt wurden, setzt sich *Kapitel 2.3* mit den motivationalen Gesichtspunkten, insbesondere auf interpersoneller Ebene, auseinander.

2.3 Die Motivationstheorie zur Erklärung interpersoneller Verhaltensweisen

2.3.1 Grundlagen der Motivationstheorie

In diesem und den folgenden Kapiteln sollen die theoretischen Grundlagen zum Verständnis der motivationalen Komponente des Forschungsvorhabens gelegt werden. Dazu werden zunächst die Grundlagen der Motivationstheorie erläutert. Anschließend erfolgt eine eingehende Betrachtung motivationstheoretischer Ansätze zur Erklärung interpersoneller Verhaltensweisen in Form der „Fundamental Interpersonal Relationship Orientation“-Theorie (FIRO) sowie des Modells der Motive interpersoneller Kommunikation.

Kroeber-Riel/Weinberg zufolge ist Motivation ein „hypothetisches Konstrukt, mit dem man die Antriebe (‚Ursachen') des Verhaltens erklären will“,[214] d.h. sie dient der Beantwortung der Frage, warum sich Individuen auf eine bestimmte Art und Weise verhalten.[215] Eine so breite Auslegung des Motivationsbegriffs würde jedoch dazu führen, dass sämtliche verhaltenswissenschaftlichen Fragestellungen und Konstrukte unter dem Begriff Motivation subsumiert würden.[216] *Trommsdorff* empfiehlt daher im Hinblick auf das Konsumentenverhalten eine praxisnähere Definition des Begriffs Motivation, die eine motivspezifische Eingrenzung von Zielgruppen (z.B. Prestigekäufer) erlaubt.[217] Ein solches Vorgehen erscheint in Bezug auf die zu gebenden praktischen Implikationen auf Basis der Ergebnisse dieser Studie sinnvoll.

---

[213] Vgl. Stenger (2012), S. 271.
[214] Kroeber-Riel/Weinberg (2003), S. 141.
[215] Vgl. Arkes (1982), S. 4; Solomon/Bamossy/Aksegaard (2001), S. 119; Kroeber-Riel/Weinberg (2003), S.141.
[216] Vgl. Keller (1981), S. 17; Trommsdorff (2002), S. 114.
[217] Vgl. Trommsdorff (2002), S. 114.

Motivation entsteht bei einem Individuum aufgrund von Bedürfnissen.[218] Diese lassen sich in zwei Kategorien aufteilen. Zum einen existiert eine Reihe biogenetischer Bedürfnisse. In diese Kategorie fällt z.B. die Überlebensnotwendigkeit von Nahrung, Wasser und Sauerstoff. Zum anderen verfügt jedes Individuum über verschiedene psychogenetische Bedürfnisse, welche im Laufe des Sozialisationsprozesses erworben werden.[219] Bedürfnisse selbst kennzeichnen einen Mangelzustand, auch Deprivation genannt, der die Spannung im Individuum auslöst, das entsprechende Bedürfnis zu befriedigen.[220] Die durch ein solches Spannungsverhältnis ausgelösten Antriebskräfte zur Bedürfnisbefriedigung bezeichnet man als Triebe bzw. Emotionen.[221] Das Ziel dieser gedanklich nicht kontrollierbaren Verhaltensantriebe ist es,[222] das Spannungsverhältnis zu reduzieren und in einen idealtypischen Zustand der Ausgeglichenheit, Homöostasis genannt, zurückzukehren.[223] Diese allgemeine Zielorientierung reicht jedoch nicht aus um zu erklären, welche der vielen möglichen Verhaltensweisen das Individuum für die Zielerreichung, also die Bedürfnisbefriedigung, wählt. Dazu müssen zudem kognitive Prozesse der Verhaltensteuerung in die Analyse einbezogen werden. Diese Kombination aus trieb- bzw. emotionsbasierten und kognitiven Antriebskräften wird als Motivation bezeichnet.[224] Angelehnt an diese Auffassung definiert *Trommsdorff* Motivation als „zielgerichtete und kognitiv gesteuerte Antriebe des Konsumenten“.[225] Darauf aufbauend stellt er drei besondere Eigenschaften der Motivation heraus. Erstens müssen Motive aktiviert werden, bevor sie eine Wirkung verursachen können. Zweitens zeichnen sich Motive durch die emotionale Komponente als Auslöser der Handlung sowie die kognitive Komponente als Zielgeber der Handlung aus. [226] Drittens besitzen Motive die Eigenschaft, unbewusst zu sein; sie können jedoch durch Abfrage oder Nachdenken bewusst gemacht werden.[227]

Diese Sichtweise entspricht der sozialpsychologisch-kognitiven Richtung der Motivationsforschung. [228] Neben dieser existieren drei weitere Richtungen: (1) die psychoanalytisch-

[218] Vgl. Solomon/Bamossy/Askegaard (2001), S. 119; Trommsdorff (2002), S. 114.
[219] Vgl. Solomon/Bamossy/Askegaard (2001), S. 122; Trommsdorff (2002), S. 119.
[220] Vgl. Wiswede (1973), S. 67; Solomon/Bamossy/Askegaard (2001), S. 119 f.; Kroeber-Riel/Weinberg (2003), S. 143.
[221] Vgl. Wiswede (1973), S. 66; Solomon/Bamossy/Askegaard (2001), S. 120; Trommsdorff (2002), S. 114; Kroeber-Riel/Weinberg (2003), S. 141.
[222] Vgl. Trommsdorff (2002), S. 114.
[223] Vgl. Weiner (1984), S. 72; Solomon/Bamossy/Askegaard (2001), S. 121.
[224] Vgl. Wiswede (1973), S. 67; Kroeber-Riel/Weinberg (2003), S. 142.
[225] Trommsdorff (2002), S. 114.
[226] Vgl. Trommsdorff (2002), S. 114.
[227] Vgl. Arkes (1982), S. 3; Trommsdorff (2002), S. 114.
[228] Vgl. Trommsdoff (2002), S. 116.

persönlichkeitspsychologische, (2) die lernpsychologische und (3) die gefühlspsychologische.[229] Vor dem Hintergrund der heutzutage sehr populären sozialpsychologisch-kognitiven Richtung und des dazu gehörenden Means-End-Ansatzes werden Motivation und Einstellung meist auf gleiche Weise operationalisiert.[230] Wichtig ist jedoch, dass auch die aktivierende Komponente in Form der nicht bewussten Antriebskräfte Berücksichtigung findet,[231] um darauf aufbauend zu der von *Trommsdorff* geforderten Zielgruppenspezifizierung in Abhängigkeit der Motive zu gelangen.[232] Auch für die vorliegende Arbeit ist eine differenzierte Betrachtung der Konstrukte Einstellung und Motiv von Bedeutung, da sowohl Einstellungen als auch Motive untersucht werden.

Um die Vielzahl der unterschiedlichen Motive in eine geordnete Struktur zu bringen, existiert eine Reihe von Kategorisierungsansätzen.[233] *Trommsdorff* nennt folgende Einteilungskriterien: (1) den Allgemeinheitsgrad, (2) die Hierarchiestufe, (3) die Entstehung, (4) die Bewusstheit und (5) die Privatheit. Der *Allgemeinheitsgrad* beschreibt die Reichweite der Motive, d.h. wie generell bzw. spezifisch das untersuchte Verhalten ist. Die *Hierarchiestufe* bezieht sich auf die Position des Motivs in *Maslows* Bedürfnispyramide. Die *Entstehung* repräsentiert die Unterteilung, ob Motive vererbt sind oder durch den Lernprozess innerhalb einer Gesellschaft erworben wurden. Die *Bewusstheit* indiziert den Bewusstseinsgrad der Motive bei Ausübung eines bestimmten Verhaltens. Das Kriterium der *Privatheit* zielt auf die Unterscheidung nach individuellem bzw. sozialem Verhalten als Resultat des Motivs ab.[234] Besonders hierarchische Kategorisierungen wie die von *Maslow* sind insofern zielführend, als dass sie zeigen, wie verschiedene Verhaltensweisen in Abhängigkeit der Situation oder der Person unterschiedlichen Motiven geschuldet sein können.[235] So besteht die Möglichkeit, dass ein und dasselbe Verhalten bei verschiedenen Personen unterschiedliche Motive als Ursache hat.[236] Analog dazu kann auch interpersonelles Verhalten wie z.B. das Weiterleiten eines Online-Werbespots aufgrund verschiedener Motive ausgelöst werden. Die FIRO-Theorie und die Theorie von Nutzen und Gratifikation bilden in diesem Zusammenhang die theoretische Fundierung für das Modell der Motive interpersoneller Kommunikation. Zusammen liefern die

[229] Vgl. Wiswede (1973), S. 78; Trommsdorff (2002), S. 115.
[230] Vgl. Kroeber-Riel/Weinberg (2003), S. 144.
[231] Vgl. Kroeber-Riel/Weinberg (2003), S. 145.
[232] Vgl. Trommsdorff (2002), S. 114.
[233] Vgl. Trommsdorff (2002), S. 118; Kroeber-Riel/Weinberg (2003), S. 235.
[234] Vgl. Tromssdorff (2002), S. 118 ff.
[235] Vgl. Solomon (2009), S. 162.
[236] Vgl. Solomon/Bamossy/Askegaard (2001), S. 126 f.

drei Ansätze eine Reihe unterschiedlicher Motive für interpersonelle Kommunikation und werden daher im Anschluss an dieses Kapitel herangezogen, um die Vielfalt der Bewegründe für das Weiterleitungsverhalten des Individuums in Bezug auf Online-Werbespots zu erklären.

2.3.2 Die FIRO-Theorie

Die Grundvoraussetzung aller zwischenmenschlichen Interaktionen ist das Aufeinandertreffen von zwei oder mehreren Personen. *Schutz*, als Begründer der FIRO-Theorie, geht davon aus, dass innerhalb solcher Situationen zwei verschiedene Formen der Interaktion stattfinden. Die erste Form ereignet sich auf offensichtlicher Ebene und betrifft den offenkundigen Grund der Interaktion. Die zweite Form erfolgt im Verborgenen. Auf dieser Ebene werden meist unterschwellig Konflikte bezüglich Aufmerksamkeit, Status, Kontrolle, Einfluss, Zuneigung und Offenheit ausgetragen.[237] Als zentrale Annahme der FIRO-Theorie gilt, dass der Mensch als soziales Wesen den Kontakt zu anderen Menschen braucht. Dabei muss jeder Mensch als Teil einer Gesellschaft ein Gleichgewicht zwischen sich selbst und seiner gesellschaftlichen Umwelt herstellen.[238] Unter dieser Annahme entwickelte *Schutz* aufbauend auf der sorgfältigen Analyse der Aussagen von Testpersonen eine drei-dimensionale Theorie interpersonellen Verhaltens, die FIRO-Theorie.[239] Ziel dieser Theorie und des darauf basierenden Messinstruments FIRO-B ist es, die Interaktion zwischen Personen für Forschungszwecke zu untersuchen und zu einem Verständnis von Gruppenverhalten zu gelangen.[240] Das Grundgerüst der Theorie bilden drei Dimensionen zwischenmenschlicher Bedürfnisse. [241] Diese unterscheiden sich in ihrer Intensität und der Art der Befriedigung von Person zu Person.[242] Mit Hilfe der drei Dimensionen können die meisten zwischenmenschlichen Verhaltensweisen erklärt werden.[243]

Schutz bezeichnet sie mit den Begriffen Einbeziehung (Inclusion), Kontrolle (Control) und Zuneigung (Affection).[244] Die Dimension der *Einbeziehung* bezieht sich auf das Bedürfnis des Einzelnen, ein zufriedenstellendes Verhältnis zwischen sich selbst und anderen in Bezug

[237] Vgl. Schutz (1958), S. 123.
[238] Vgl. Schutz (1958), S. 129.
[239] Vgl. Mahoney/Stasson (2005), S. 208.
[240] Vgl. Thompson (2000), S. 1.
[241] Vgl. Schutz (1958), S. 129; Liddell/Slocum (1976), S. 414; Schutz (1976), S. 167; Mahoney/Stasson (2005).
[242] Vgl. Schutz (1958), S. 129.
[243] Vgl. Liddell/Slocum (1976), S. 414; Thompson (2000), S. 1.
[244] Vgl. Schutz (1958), S. 129; Liddell/Slocum (1976), S. 414; Schutz (1976), S. 167; Thompson (2000), S. 1.

auf Interaktion und Zugehörigkeit zu wahren.[245] Einige Personen sind gerne in Gesellschaft, andere meiden Gesellschaft und bevorzugen das Alleinsein.[246] Aus diesen Extremen ergibt sich ein Kontinuum, auf dem sich jede Person an einem bestimmten Punkt wohl fühlt. Dementsprechend will jede Person zu einem gewissen Grad Teil einer Gruppe sein und versucht, gleichzeitig ein gewisses Maß an Privatsphäre zu wahren.[247]

Die Dimension der *Kontrolle* beschreibt das Bedürfnis des Individuums, eine zufriedenstellende Relation zwischen sich selbst und anderen im Hinblick auf Einfluss und Macht zu erhalten.[248] Jedes Individuum hat das Bedürfnis, eine Situation zu einem gewissen Grad zu kontrollieren, sodass die Umwelt berechenbar ist. Da andere Personen diese Berechenbarkeit durch individuelle Handlungen bedrohen, versucht jeder Mensch, seine Mitmenschen zu einem gewissen Grad zu kontrollieren. Dieses Kontrollbedürfnis kann von Person zu Person eine unterschiedliche Intensität annehmen. Auch diese Dimension kann wieder als ein Kontinuum verstanden werden, auf dem sich jede Person einordnen lässt.[249]

Die Dimension der *Zuneigung* repräsentiert das Bedürfnis eines jeden, ein zufriedenstellendes Verhältnis zwischen sich selbst und anderen hinsichtlich Liebe und Zuwendung zu erreichen.[250] Diese Dimension ist dyadischer Natur, d.h. sie bezieht sich immer nur auf die Beziehung zwischen genau zwei Personen. Ein Extrempunkt stellen dabei Individuen dar, die mit allen Personen in ihrer Umwelt eine sehr enge und persönliche Beziehung pflegen. Das andere Extrem beschreibt Personen, die Beziehungen zu ihren Mitmenschen auf einem unpersönlichen und distanzierten Niveau halten.[251] Analog zu den anderen Dimensionen kann auch für die Zuneigung ein Kontinuum angelegt werden, auf dem sich jedes Individuum positionieren lässt.[252]

Jede dieser drei Dimensionen lässt sich wiederum in zwei verschiedene Aspekte unterteilen. Der erste Aspekt betrifft das Verhalten, welches das Individuum selbst in Bezug auf andere ausdrückt (Expressed Behavior). Der zweite Aspekt betrifft das Verhalten, welches andere in

245 Vgl. Schutz (1958), S. 129; Liddell/Slocum (1976), S. 414; Thompson (2000), S. 1.
246 Vgl. Schutz (1958), S. 129; Thompson (2000), S. 1.
247 Vgl. Schutz (1958), S. 129.
248 Vgl. Schutz (1958), S. 129; Liddell/Slocum (1976), S. 414; Thompson (2000), S. 1.
249 Vgl. Schutz (1958), S. 129.
250 Vgl. Schutz (1958), S. 129; Liddell/Slocum (1976), S. 414; Thompson (2000), S. 1.
251 Vgl. Schutz (1958), S. 129, Thompson (2000), S. 1.
252 Vgl. Schutz (1958), S. 129.

Bezug auf das Individuum ausdrücken und hierbei insbesondere den Grad, den das Individuum bezogen auf das Verhalten anderer ihm bzw. ihr gegenüber erwartet (Wanted Behavior).[253] *Tabelle 1* zeigt die sechs sich dadurch ergebenden Extrema auf.

Dimension	Gezeigtes Verhalten		Erwünschtes Verhalten	
	hoch	niedrig	hoch	niedrig
Einbeziehung	sozial	privat	sozial-konform	sozial-nonkonform
Kontrolle	autokratisch	abdikratisch	unterwürfig	rebellisch
Zuneigung	offen	verschlossen	persönlich	distanziert

Tabelle 1: Extrema der drei Verhaltensdimensionen der FIRO-Theorie[254]

Anhand dieses Schemas lässt sich nun die Kompatibilität von Personen in Bezug auf interpersonelle Interaktion bestimmen.[255] Diese Kompatibilität stellt das zentrale Konstrukt der FIRO-Theorie dar.[256] Hierbei identifiziert *Schutz* verschiedene Personenkombinationen, die unterschiedliche Kompatibilitätszustände ergeben. Als Beispiele führt er die Dimensionen Kontrolle und Zuneigung an. Die erste Konstellation beschreibt *Schutz* mit der Redensart „opposites attract" (Gegensätze ziehen sich an).[257] Als Beispiel innerhalb der Kontrolldimension nennt er Personen, die selbst autokratisch geprägt sind und von anderen Personen unterwürfiges Verhalten erwarten. Trifft eine solche Person auf eine abdikratisch-rebellisch geprägte Person, so wird sie zu dieser ein gutes interpersonelles Verhältnis etablieren, d.h. die Bedürfnisse beider Personen sind kompatibel. Sind hingegen beide Personen autokratisch und erwarten unterwürfiges Verhalten, dann sind ihre Bedürfnisse nicht miteinander vereinbar. Es herrscht dann ein Zustand kompetitiver Inkompatibilität. Weisen beide Personen abdikratisch-rebellische Kontrollbedürfnisse auf, sind sie ebenfalls inkompatibel. Diese Bedürfniskonstellation bezeichnet *Schutz* als apathische Inkompatibilität.[258]

Einen weiteren Zustand der Kompatibilität erklärt *Schutz* am Beispiel der Dimension Zuneigung, den er mit dem Sprichwort „birds of a feather flock together" (sinngemäß: Gleich und

[253] Vgl. Schutz (1958), S. 129; Liddel/Slocum (1976), S. 414; Schutz (1976), S. 167; Thompson (2000), S. 1; Mahoney/Stasson (2005), S. 207 f.
[254] In Anlehnung an Schutz (1958), S. 130.
[255] Vgl. Schutz (1958), S. 130.
[256] Vgl. Liddell/Slocum (1976), S. 414.
[257] Schutz (1958), S. 130.
[258] Vgl. Schutz (1958), S. 130.

Gleich gesellt sich gerne) erklärt.[259] Betrachtet man eine Person, die ein Offenheitsbedürfnis bezüglich ihrer interpersonellen Beziehungen besitzt, dann wird sie nur ein gutes Verhältnis zu Personen mit dem gleichen Bedürfnis entwickeln. Gleiches gilt für zwei Personen mit einem Bedürfnis für Distanz innerhalb persönlicher Beziehungen. Inkompatibel sind in diesem Fall zwei Personen, die sich in ihrem Bedürfnis nach Offenheit bzw. Distanz widersprechen.[260]

Wie in *Kapitel 2.3.1* beschrieben, erwächst aus den aufgezeigten Bedürfnissen Spannung, welche wiederum Triebe und Emotionen auslöst, um diese Spannung zu reduzieren. In Kombination mit kognitiven Prozessen der Verhaltenssteuerung ergeben sich daraus verschiedene Motive für interpersonelles Verhalten. Auf Basis der in der FIRO-Theorie identifizierten Bedürfnisse arbeiten *Ho/Dempsey* eine Reihe von Motiven heraus, deren Wirkung sie auf das Weiterleitungsverhalten in Bezug auf Online-Inhalte überprüfen. [261] Da Online-Werbespots eine spezielle Form von Online-Inhalten repräsentieren, sind diese Motive für die vorliegende Arbeit von hoher Relevanz. Auf Basis der Dimension Einbeziehung entwickeln *Ho/Dempsey* das Motiv „need to belong", welches auf dem Bedürfnis der Zugehörigkeit basiert, und das Motiv „individuation", welches das Bedürfnis nach Individualität widerspiegelt. Die Dimension der Kontrolle dient als Grundlage des Motivs „personal growth", das aus dem Bedürfnis nach persönlichem Wachstum entsteht. Die Dimension der Zuneigung ist die Basis für das Motiv „altruism", welches sich aus dem Bedürfnis der Zuwendung ergibt.[262]

Neben der FIRO-Theorie liefert auch das Modell der Motive interpersoneller Kommunikation verschiedene Motive, die mögliche Beweggründe für das Weiterleiten von Online-Werbespots darstellen. Daher wird es im anschließenden Kapitel näher erläutert.

2.3.3 Das Modell der Motive interpersoneller Kommunikation

Die grundlegende Aussage, auf der das Modell der Motive interpersoneller Kommunikation basiert, ist, dass interpersonelle Kommunikation der Bedürfnisbefriedigung dient.[263] Gleiches gilt auch für die Theorie von Nutzen und Gratifikationen, welche ursprünglich aus dem Forschungsbereich der Mediennutzung stammt und bis in die vierziger Jahre des letzten Jahrhun-

[259] Schutz (1958), S. 130.
[260] Vgl. Schutz (1958), S. 130 f.
[261] Vgl. Ho/Dempsey (2011), S. 1001.
[262] Vgl. Ho/Dempsey (2011), S. 1001 f.
[263] Vgl. Rubin/Perse/Barbato (1988), S. 603.

derts zurückreicht.[264] Aufgrund dieser durch Forschungsergebnisse bestätigten Gemeinsamkeit wenden *Graham/Barbato/Perse* den Ansatz der Theorie von Nutzen und Gratifikationen an, um die individuellen Beweggründe interpersonellen Verhaltens zu erklären.[265] Dazu entwickeln sie das Modell der Motive interpersoneller Kommunikation. Um das Modell in diesem Abschnitt zu erläutern, erfolgt zunächst eine kurze Erklärung der Theorie von Nutzen und Gratifikation. Anschließend werden grundlegende Überlegungen bezüglich interpersoneller Kommunikation beschrieben. Aus deren Kombination mit der Theorie von Nutzen und Gratifikationen ergeben sich schließlich die von *Rubin/Perse/Barbato* entwickelten Motive interpersoneller Kommunikation,[266] welche für diese Arbeit von hoher Bedeutung sind. Diese setzen *Graham/Barbato/Perse* in ihrem Modell dann in Relation zu den drei Dimensionen Beziehungsniveau, Kommunikationsstil und Selbstoffenbarung.[267]

Die Theorie von Nutzen und Gratifikationen postuliert, dass Individuen eine Reihe von Bedürfnissen haben, welche sie mit Hilfe der Medien versuchen zu befriedigen.[268] In Abhängigkeit dieser Bedürfnisse ergeben sich bestimmte Motive, weshalb sich jeder einzelne von uns bestimmten Medien zuwendet.[269] Insofern ist die Medienwahl ein rationaler Prozess, dem eine Zielorientierung zu Grunde liegt.[270] Anhand dieser Überlegungen identifizieren *Katz/Blumer/Gurevitch* drei Ziele des Ansatzes: (1) die Erklärung, wie Medien zur Bedürfnisbefriedigung eingesetzt werden, (2) das Verständnis der Motive und (3) die Bestimmung der sich daraus ergebenden Konsequenzen.[271] Gerade in Bezug auf das zweite Ziel, das Verständnis der Motive, erwähnen *Rubin/Windahl* die Schwierigkeit der Trennung von Kommunikationsmotiven und den ihnen zu Grunde liegenden Bedürfnissen. Sie beschreiben Motive daher als verschiedene Formen von Erwartungshaltungen des Individuums hinsichtlich der unterschiedlichen Medien.[272] Insgesamt wurde die Theorie häufig zur Untersuchung verschiedener Aspekte des Mediennutzungsverhaltens herangezogen und konnte u.a. die Medienauswahl, die Attraktivität einzelner Medien und Medieneffekte erfolgreich erklären.[273]

[264] Vgl. McQuail (2000), S. 387.
[265] Vgl. Graham/Barbato/Perse (1993), S. 172 f.
[266] Vgl. Rubin/Perse/Barbato (1988), S. 607 ff.
[267] Vgl. Graham/Barbato/Perse (1993), S. 173.
[268] Vgl. McGuire (1974), S. 167; Graham/Barbato/Perse (1993), S. 173; McQuail (2000), S. 387.
[269] Vgl. Rosengren (1974), S. 276.
[270] Vgl. Katz/Blumler/Gurevitch (1974), S. 21; Graham/Barbato/Perse (1993), S. 173; McQuail (2000), S. 387.
[271] Vgl. Katz/Blumler/Gurevitch (1974), S. 20; Rubin/Perse/Barbato (1988), S. 606; Graham/Barbato/Perse (1993), S. 173.
[272] Vgl. Rubin/Windahl (1986), S. 191.
[273] Vgl. Rubin/Perse/Barbato (1988), S. 607; McQuail (2000), S. 387.

Der funktionale Ansatz interpersoneller Kommunikationsforschung betrifft die Fragestellung, warum Individuen miteinander kommunizieren. Er ist also auf die Motive interpersoneller Kommunikation ausgerichtet.[274] Je nach Ausrichtung des Forschungsschwerpunkts identifizieren verschiedene Studien in diesem Bereich unterschiedliche Motive.[275] Auch *Schutz'* FIRO-Theorie fällt in diesen Bereich und dient als eine der Grundlagen für die Entwicklung des Modells der Motive interpersoneller Kommunikation.[276] Vergleiche von Mediennutzungsverhalten und interpersonellem Kommunikationsverhalten zeigen schließlich, dass beide Verhaltenskategorien auf ähnlichen Bedürfnissen basieren bzw. dass sie in einem komplementären Verhältnis zueinander stehen.[277]

Aufbauend auf diesen Erkenntnissen identifizieren *Rubin/Barbato/Perse* sechs Motive interpersoneller Kommunikation: (1) Vergnügen, (2) Zuneigung, (3) Einbeziehung, (4) Flucht, (5) Entspannung und (6) Kontrolle.[278] Die Motive Zuneigung, Einbeziehung und Kontrolle entsprechen den drei Dimensionen der FIRO-Theorie und zeigen deren Verwandtschaft mit dem Modell der Motive interpersoneller Kommunikation.[279] Das Motiv Vergnügen reflektiert Gründe der Unterhaltung, Begeisterung und Spaß an interpersoneller Kommunikation. Das Motiv Zuneigung beschreibt Gründe interpersoneller Kommunikation, die auf sozialen Ritualen basieren oder dem Zweck der Wertschätzung anderer dienen. Das Motiv der Einbeziehung repräsentiert den Wunsch des Individuums, anderen nahe zu stehen und Einsamkeit zu vermeiden. Das Motiv Flucht spiegelt Vermeidungsverhalten in Bezug auf andere Tätigkeiten oder Zeitvertreib wider. Das Motiv Entspannung zielt auf die Verwendung interpersoneller Kommunikation zur Erholung ab. Das Ziel, andere Personen dahingehend zu beeinflussen, dass sie mit den eigenen Vorstellungen und Ansichten konform sind, beschreibt das Motiv der Kontrolle.[280]

Diese Motive verknüpfen *Graham/Barbato/Perse* in ihrem Modell mit drei weiteren Variablen. Sie gehen davon aus, dass je nach Intimität des Verhältnisses zu einer anderen Person die Motive unterschiedliche stark ausgeprägt sind. Auf Basis ihrer Hypothesenherleitung erwar-

[274] Vgl. Rubin/Perse/Barbato (1988), S. 604.

[275] Vgl. Ekman/Friesen (1969), S. 94; Bochner/Kaminski/Fitzpatrick (1977), S. 298 ff.; Rubin/Perse/Barbato (1988), S. 604 ff.

[276] Vgl. Rubin/Perse/Barbato (1988), S. 609.

[277] Vgl. Katz/Gurevtich/Haas (1973), S. 180; Lull (1980), S. 207; Rubin/Perse/Barbato (1988), S. 607 f.

[278] Vgl. Rubin/Perse/Barbato (1988), S. 615; Graham/Barbato/Perse (1993), S. 173.

[279] Vgl. Rubin/Perse/Barbato (1988), S. 620.

[280] Vgl. Rubin/Perse/Barbato (1988), S. 615 ff.; Graham/Barbato/Perse (1993), S. 173.

ten sie höhere Bewertungen der Motive Zuneigung und Einbeziehung bei intimen Verhältnissen zum Lebenspartner, zu Familienmitgliedern und zu engen Freunden. Verhältnisse zu Fremden assoziieren sie mit geringen Bewertungen hinsichtlich der Motive Unterhaltung und Entspannung.[281] Außerdem erwarten sie, dass die Motive interpersoneller Kommunikation in unterschiedlichem Verhältnis zum Kommunikationsstil des Individuums stehen.[282] Der Kommunikationsstil ist dabei ein Konstrukt, das sich aus zwei Variablen zusammensetzt. Die erste Dimension beschreibt ein Kontinuum von leitend zu nicht-leitend. Ein leitender Kommunikationsstil zeichnet sich durch Dominanz, Provokation und Präzision aus, ein nichtleitender Stil durch Freundlichkeit und Aufmerksamkeit. Die zweite Dimension liegt auf einem Kontinuum von aktiv zu inaktiv. Ein aktiver Kommunikationsstil beschreibt Personen, deren Kommunikationsverhalten von Dramatik und Lebhaftigkeit geprägt ist. Ein inaktiver Kommunikationsstil zeichnet Personen aus, die entspannt, ruhig und gefasst kommunizieren.[283] Das Modell der Motive interpersoneller Kommunikation besagt, dass ein nichtleitender Kommunikationsstil in positivem Zusammenhang mit den Motiven Vergnügen, Zuneigung, Einbeziehung und Entspannung steht. Ein leitender Kommunikationsstil steht in positiver Relation zu den Motiven Vergnügen, Kontrolle und Flucht. Der aktive Kommunikationsstil hängt positiv mit den Motiven Einbeziehung, Flucht, Entspannung und Kontrolle zusammen. Zudem konstatieren *Graham/Barbato/Perse* einen Zusammenhang der Motive interpersoneller Kommunikation mit dem Grad der Selbstoffenbarung. Der Grad der Selbstoffenbarung bezieht sich dabei auf die Breite der Themen und sowie deren Tiefe. Das Modell besagt, dass die Breite der Themenwahl positiv mit den Motiven Vergnügen, Einbeziehung, Zuneigung und Flucht zusammenhängt. Intime Themen stehen dem Modell zufolge in positivem Zusammenhang mit den Motiven Zuneigung, Einbeziehung und Kontrolle, weniger intime Themen mit den Motiven Vergnügen und Flucht (Eskapismus).[284] Virale Werbung ist vor diesem Hintergrund den weniger intimen Themen zuzuordnen, was im nachfolgenden Kapitel bei der Auswahl der Konstrukte Vergnügen und Eskapismus eine Rolle spielt.

Nach der Erläuterung der für den Untersuchungsgegenstand fundamentalen Theorien erfolgt nun im nächsten Kapitel die Konzeptualisierung des Hypothesensystems zur Erklärung der Weiterleitungsabsicht von Online-Werbespots.

[281] Vgl. Graham/Barbato/Perse (1993), S. 174 f.
[282] Vgl. Graham/Barbato/Perse (1993), S. 175.
[283] Vgl. Norton (1978), S. 109; Graham/Barbato/Perse (1993), S. 175.
[284] Vgl. Graham/Barbato/Perse (1993), S. 182.

3 Konzeptualisierung eines Modells zur Erklärung der Weiterleitungsabsicht eines Online-Werbespots

3.1 Determinanten der Einstellung gegenüber dem Online-Werbespot

3.1.1 Neuartigkeit der Werbung und Nützlichkeit der Botschaft

Im folgenden Kapitel werden Hypothesen formuliert, welche die Weiterleitungsabsicht in Bezug auf Online-Werbespots erklären sollen. Die zuvor vorgestellten Theorien und Modelle dienen dabei als Basis, um die zentralen Überlegungen und Argumentationen zur Herleitung des Hypothesensystems nachvollziehen zu können. Den Ausgangspunkt des Systems stellen drei Konstrukte dar, welche sich auf bestimmte Eigenschaften des Online-Werbespots beziehen. Innerhalb der zur Überprüfung des Systems durchgeführten Studie sind sie daher exogen durch den ausgewählten Online-Werbespot gegeben.

Um zu *viraler Werbung* zu werden, muss ein Online-Werbespot sich aus der breiten Masse der Online-Werbespots abheben.[285] Wie *Berger/Milkman* demonstrieren, sind es die bestimmten Merkmale und Eigenschaften von Online-Inhalten, die über deren viralen Erfolg entscheiden.[286] In Forschung und Praxis gilt Kreativität als eines der wichtigsten Merkmale von Werbung, um Aufmerksamkeit zu erregen.[287] Auch in Bezug auf virale Werbung ist Kreativität einer der Haupttreiber für den viralen Erfolg von Online-Werbespots, wie die Studie von *Southgate/Westoby/Page* zeigt.[288] *Smith/Yang* definieren Kreativität als das Ausmaß, mit dem sich eine Werbung von den Erwartungen des Rezipienten unterscheidet und dabei gleichzeitig nützlich bleibt.[289] Die Nützlichkeit des Werbespots ist dabei auf die Erreichung der Werbeziele ausgerichtet, also den Aufbau von „Brand Awareness", von starken „Brand Beliefs" und einer positiven Einstellung gegenüber der Marke.[290] Werbetreibende versuchen, diese Ziele häufig mit Hilfe von nützlichen Informationen und der Neuartigkeit gegenüber anderen Werbungen zu erreichen.[291] Diese Auffassung – mit *Neuartigkeit der Werbung* und *Nützlichkeit der Botschaft* als den beiden Dimensionen, aus denen sich Kreativität zusammensetzt – wird in der Literatur häufig vertreten.[292]

[285] Vgl. Southgate/Westoby/Page (2010), S. 353; siehe auch Kapitel 2.1.3.
[286] Vgl. Berger/Milkman (2011), S. 26.
[287] Vgl. Sheinin/Varky/Ashley (2011), S. 5.
[288] Vgl. Soutgate/Westoby/Page (2010), S. 360.
[289] Vgl. Smith/Yang (2004), S. 34.
[290] Vgl. Keller (1993), S. 2 ff.; Sheinin/Varky/Ashley (2011), S. 5.
[291] Vgl. Sheinin/Varky/Ashley (2011), S. 5.
[292] Vgl. Ang/Low (2000), S. 849; Smith/Yang (2004), S. 48; Smith et al. (2007), S. 820; Smith/Chen/Yang (2008), S. 48; Yang/Smith (2009), S. 936; Sheinin/Varky/Ashley (2011), S. 6.

Die Neuartigkeit der Werbung, auch als Divergenz bezeichnet, beschreibt dabei das Maß der Unterscheidung zwischen der von der Zielgruppe erwarteten Art der Exekution und der tatsächlichen Art der Exekution.[293] Die Nützlichkeit der Botschaft, auch als Relevanz bezeichnet, ist ein Indikator für den Beitrag, den der Werbespot zum Verständnis des Produkts aus Sicht der Zielgruppe leistet.[294] Diese Definitionen verdeutlichen, dass die beiden Konstrukte Neuartigkeit der Werbung und Nützlichkeit der Botschaft die Wahrnehmung der Zielgruppe bezüglich eines Werbestimulus betreffen. Innerhalb des in *Kapitel 2.2.3* beschriebenen Modells der Einstellung gegenüber der Werbung sind sie also den Ad Perceptions zuzuordnen. Entsprechend der Theoretisierung des Modells üben die Ad Perceptions einen direkten Einfluss auf die Einstellung gegenüber der Werbung (A_{Ad}) aus.

Dieser Zusammenhang wird für die beiden Konstrukte von einer Reihe von Untersuchungen gestützt. In ihrer Studie zur Exploration der Kreativität in der Werbung überprüfen *Ang/Low* den Einfluss der Neuartigkeit der Werbung, der Nützlichkeit der Botschaft sowie der Ausprägung der durch den Werbestimulus der vermittelten Gefühle auf die A_{Ad}. Ihre Ergebnisse zeigen, dass ein Werbestimulus, der neuartig ist, eine relevante Botschaft enthält und positive Gefühle vermittelt, den höchsten Wert bei der A_{Ad} erreicht.[295] *Smith et al.* untersuchen in ihrer Studie den Einfluss der Kreativität der Werbung auf verschiedene nachgelagerte Konstrukte, u.a. die Einstellung gegenüber der Werbung. Die Kreativität dient dabei als Mediator zwischen der Neuartigkeit der Werbung sowie der Nützlichkeit der Botschaft, exogenen Konstrukten, und der A_{Ad}, dem endogenen Konstrukt. Innerhalb der Studie weisen beide Konstrukte jeweils einen signifikant positiven Einfluss auf die Kreativität auf, welche wiederum einen signifikant positiven Einfluss auf die A_{Ad} hat.[296]

Ang/Lee/Leong analysieren in ihrer Studie den Zusammenhang zwischen der Neuartigkeit der Werbung sowie der Relevanz der Werbung und den Variablen Ad-Recall, A_{Ad} und Gefühlsneigung. Die Relevanz der Werbung teilen sie in die zwei Komponenten „meaningfulness" und „connectedness" auf. „Meaningfulness" betrifft dabei die Relevanz der Botschaft in Bezug auf das Produkt und entspricht dem Verständnis des Konstrukts Nützlichkeit der Bot-

[293] Vgl. Hirschman/Wallendorf (1982), S. 26; Ang/Lee/Leong (2007), S. 221; Yang/Smith (2009), S. 936; Sheinin/Varky/Ashley (2011), S. 5.
[294] Vgl. Kover/Goldberg/James (1995), S. 34; Ang/Lee/Leong (2007), S. 221; Yang/Smith (2009), S. 936; Sheinin/Varky/Ashley (2011), S. 5.
[295] Vgl. Ang/Low (2000), S. 848.
[296] Vgl. Smith et al. (2007), S. 829.

schaft im Rahmen dieser Arbeit. Das Konstrukt „connectedness" beschreibt die Relevanz der Botschaft für die Zielgruppe. Wie die Ergebnisse zeigen, führen Werbestimuli, die über eine hohe Neuartigkeit verfügen, zu positiveren Einstellungen ggü. dem Werbestimulus. Auch das Konstrukt Meaningfulness (Nützlichkeit der Botschaft) steht in positiver Relation zur A_{Ad}.[297]

In einer Untersuchung zur Effektivität von Werbung analysieren *Smith/Chen/Yang* sowohl den kombinierten Effekt der beiden Variablen Neuartigkeit der Werbung und Nützlichkeit der Botschaft wie auch deren Einzeleffekt auf das Konstrukt „Brand Liking". Letzteres setzt sich zusammen aus den Komponenten „Entertainment Value, Ad Attitude [Einstellung ggü. der Werbung] und Brand Attitude".[298] Entsprechend der Ergebnisse haben beide einen signifikant positiven Einfluss auf die A_{Ad} und somit auch auf die Variable „Brand Liking". In ihrer Hypothesenherleitung führen sie zudem „novelty seeking", „explorative drive" und „incongruity seeking" als theoretische Basis an, um einen positiven Effekt der Neuartigkeit der Werbung und der Nützlichkeit der Botschaft auf die Einstellung gegenüber der Werbung zu begründen.[299] Auch *Sheinin/Varky/Ashley* untersuchen den Einfluss der Neuartigkeit der Werbung sowie der Nützlichkeit der Botschaft auf verschiedene nachgelagerte Konstrukte. Die Hypothese, dass beide Konstrukte jeweils eine positive Wirkung auf die A_{Ad} ausüben, wird von ihren Ergebnissen bestätigt.[300]

Aufgrund dieser Überlegungen ist davon auszugehen, dass die beiden Konstrukte Neuartigkeit der Werbung und Nützlichkeit der Botschaft bei der Betrachtung von Online-Werbespots als Forschungsgegenstand ebenfalls eine positive Wirkung auf die A_{Ad} erzielen. Daher können die beiden folgenden Hypothesen formuliert werden:

H1: Je neuartiger ein Online-Werbespot ist, desto positiver ist die A_{Ad}.

H2: Je nützlicher die Botschaft eines Online-Werbspots ist, desto positiver ist die A_{Ad}.

[297] Vgl. Ang/Lee/Leong (2007), S. 221 ff.
[298] Smith/Chen/Yang (2008), S. 58.
[299] Vgl. Smith/Chen/Yang (2008), S. 59 f.
[300] Vgl. Sheinin/Varky/Ashley (2011), S. 8 f.

Wie in *Kapitel 2* beschrieben, benötigt ein Online-Werbespot ein sog. Mem, welches die Weiterleitung des Online-Werbespots durch die Nutzer garantiert. In diesem Zusammenhang konstatieren *Petrescu/Korgaonkar*, dass Online-Werbespots zu diesem Zweck über bestimmte Eigenschaften verfügen.[301] Die Kreativität der Werbung könnte eine solche Eigenschaft darstellen. *Leo Burnett* definierte Kreativität in der Werbung als „the art of establishing a new and meaningful relationship between two previously unrelated things in a manner that is relevant, believable and in good taste, but which somehow presents the product in a new way".[302] Basierend auf den Überlegungen von *Smith/Yang* entwickeln *Smith et al.* das Modell der Kreativität der Werbung.[303] Innerhalb des Modells konzeptualisieren sie die Kreativität eines Werbespots als Konstrukt, das von den beiden Dimensionen Neuartigkeit der Werbung („divergence") und Nützlichkeit der Botschaft („relevance") beeinflusst wird.[304]

Beide Eigenschaften besitzen demnach einen einfachen direkten kausalen Effekt auf die Kreativität eines Werbespots, welche wiederum eine Reihe nachgelagerter Konstrukte beeinflusst. Eines dieser Konstrukte stellt hierbei die Einstellung gegenüber der Werbung dar.[305] Neben diesem einfachen Effekt gehen die Autoren des Modells jedoch zusätzlich von einem Interaktionseffekt der beiden Dimensionen auf die Kreativität der Werbung aus: „Creative ads possess high levels of both divergence and relevance. These ads can attract the attention of consumers and channel it to relevant issues, thereby enhancing the impact on ad processing and response".[306] Die empirische Überprüfung des Modells bestätigt diesen Wirkungszusammenhang auch.[307] *Smith/Chen/Yang* ändern die Konzeptualisierung in ihrer Studie ein wenig. Anstatt von einem mediierenden Effekt des Konstrukts Kreativität der Werbung gehen sie von einem direkten Effekt der beiden Dimensionen Neuartigkeit der Werbung und Nützlichkeit der Botschaft auf verschiedene nachgelagerte Konstrukte aus, u.a. auch der Einstellung gegenüber der Werbung. Auch sie postulieren einen Interaktionseffekt der beiden Dimensionen auf die Einstellung gegenüber der Werbung, der sich in ihren empirischen Ergebnissen bestätigt.[308]

301 Vgl. Petrescu/Korgaonkar (2011), S. 220.
302 El-Murad/West (2004), S. 190.
303 Vgl. Smith/Yang (2004), S. 31 ff; Smith et al. (2007), S. 819 ff.
304 Vgl. Smith et al. (2007), S. 820; Sheinin/Varky/Ashley (2011), S. 5.
305 Vgl. Smith et al. (2007), S. 829.
306 Smith et al. (2007), S. 821.
307 Vgl. Smith et al. (2007), S. 829.
308 Vgl. Smith/Chen/Yang (2008), S. 59.

Auf Basis dieser Ergebnisse und den theoretischen Überlegung ist davon auszugehen, dass auch für den Untersuchungsgegenstand dieser Studie ein Interaktionseffekt der beiden Dimensionen der Kreativität der Werbung auf die Einstellung gegenüber dem Online-Werbespot besteht:

H3: Je höher die Nützlichkeit der Botschaft ist, desto positiver ist die Wirkung Neuartigkeit der Werbung auf die A_{Ad}.

3.1.2 Der Einflussfaktor Unterhaltung

Unterhaltung gilt seit geraumer Zeit als eine wichtige Komponente der Ad Perceptions.[309] Auch für die Viralität von Online-Werbespots und Online-Inhalten allgemein gilt der Faktor Unterhaltung, in der englischsprachigen Literatur als „entertainment“ bezeichnet, als entscheidend.[310] Wichtig, besonders in Zusammenhang mit den motivationalen Komponenten des Modells, ist die Definition des Konstrukts Unterhaltung als eine dem Werbespot zugeschriebene Eigenschaft, die nicht mit dem Motiv Vergnügen zu verwechseln ist.[311] Wie im vorherigen Abschnitt beschrieben, haben gemäß dem Modell der Einstellung gegenüber der Werbung alle Ad Perceptions einen direkten Einfluss auf die Einstellung gegenüber dem Werbestimulus. Da das Konstrukt Unterhaltung als eine der Ad Perceptions gilt, wirkt es dem Modell zufolge also auch direkt auf die A_{Ad}.[312] Dieser Zusammenhang wird in der Werbewirkungsforschung des Öfteren bestätigt. In ihrer Studie zu verschiedenen affektiven Reaktionen auf Werbestimuli und deren Effekten auf die Einstellung gegenüber der Marke ziehen *Batra/Ray* das SEVA (Surgency, Elation, Vigor, Acivation) Konstrukt heran, welches der Unterhaltung sehr ähnlich ist. Wie das Regressionsmodell der Studie zeigt, hat dieses Konstrukt einen direkten Einfluss auf die Einstellung gegenüber der Marke. Nach der Integration der A_{Ad} in das Modell ist dieser Effekt jedoch nicht mehr signifikant. Daraus schließen *Batra/Ray* auf einen Mediatoreffekt der A_{Ad}, also auf einen direkten Effekt des SEVA-Konstrukts auf die A_{Ad}, welche wiederum einen Effekt auf die Einstellung gegenüber der Marke hat.[313] *Ducoffe* untersucht in seiner Studie den Einfluss verschiedener Konstrukte auf die Einstellung gegenüber Werbung im Internet. In diesem Rahmen postuliert er einen Einfluss des Konstrukts Un-

[309] Vgl. Aaker/Bruzzone (1981), S. 18; Batra/Ray (1986), S. 238 f.
[310] Vgl. Southgate/Westoby/Page (2010), S. 360; Berger/Milkman (2011), S. 27.
[311] Vgl. Ducoffe (1996), S. 23.
[312] Vgl. Batra/Ray (1986), S. 239; Ducoffe (1996), S. 23; Tsang/Ho/Liang (2004), S. 69; Okazaki (2008), S. 718.
[313] Vgl. Batra/Ray (1986), S. 238 ff.

terhaltung auf die Einstellung gegenüber Werbung im Internet. Da Online-Werbespots eine Form der Werbung im Internet darstellen, ist diese Untersuchung also von hoher Relevanz für die vorliegende Arbeit. Die Ergebnisse der Studie stützen *Ducoffes* Hypothese und weisen einen signifikanten Einfluss des Konstrukts Unterhaltung auf die Einstellung gegenüber Werbung im Internet nach.[314] *Tsang/Ho/Liang* analysieren den Einfluss verschiedener Konstrukte höherer Ordnung auf die Einstellung gegenüber Werbung auf mobilen Endgeräten. Auch sie gehen von einem positiven Einfluss der Unterhaltung auf die A_{Ad} aus, der von ihren Ergebnissen bestätigt wird.[315] In einer sehr ähnlichen Studie untersucht *Okazaki* die Antezedenzien des Weiterleitungsverhaltens bei Empfehlungskampagnen auf mobilen Endgeräten. Innerhalb seines Modells konstatiert er ebenfalls einen Einfluss des Konstrukts Unterhaltung auf die Einstellung gegenüber der Kampagne. Die Ergebnisse seiner empirischen Studie verifizieren diesen Zusammenhang.[316] Mit der zunehmenden Verbreitung von Smartphones können Online-Werbespots auch über diese weitergeleitet werden, sodass sich ein direkter Zusammenhang zu der vorliegenden Studie ergibt.

Überträgt man diese Überlegungen und Ergebnisse nun auf Online-Werbespots, so ist zu erwarten, dass der Unterhaltungswert eines Online-Werbespots einen positiven Einfluss auf die Einstellung gegenüber diesem hat. Insofern wird folgende Hypothese für das Konstrukt Unterhaltung formuliert:

H4: Je unterhaltsamer ein Online-Werbspot ist, desto positiver ist die A_{Ad}.

3.2 Der Einfluss der Einstellung gegenüber einem Online-Werbespot auf die Weiterleitungsabsicht

Der E-V-Hypothese folgend postulieren sowohl die TRA als auch die TPB einen Einfluss der Einstellung auf die Verhaltensabsicht (vgl. *Kapitel 2.2.2*). Auch Untersuchungen, die *Lutz/MacKenzie* als Basis für die Erstellung des Modells der Einstellung gegenüber der Werbung dienen, stellen einen solchen Zusammenhang fest. Diese spezielle Form der E-V-Hypothese bezieht sich auf die Einstellung gegenüber dem Werbestimulus und dessen Ein-

[314] Vgl. Ducoffe (1996), S. 23 ff.
[315] Vgl. Tsang/Ho/Liang (2004), S. 69 ff.
[316] Vgl. Okazaki (2008), S. 720 ff.

fluss auf die Kaufabsicht.[317] Die Studie von *MacKenzie/Lutz/Belch* belegt diesen Zusammenhang empirisch.[318]

Ähnlich dazu gehen *Smith/Chen/Yang* in ihrer speziellen Form des „Hierarchy of Effects" Modells von einem Einfluss des Konstrukts „Brand Liking", welches u.a. die Einstellungskomponente A_{Ad} enthält, auf die sog. „brand intentions [...] a function of intention to recommend and purchase intention" aus.[319] Für die Untersuchung der Entstehung von viraler Werbung ist jedoch nicht die Kaufabsicht, sondern lediglich die Absicht, den Online-Werbespot weiterzuleiten, entscheidend. Letztere ist der „intention to recommend" in der Studie von *Smith/Chen/Yang* als eine Form von WoM sehr ähnlich. Die Ergebnisse der drei Forscher bestätigen einen Einfluss des Konstrukts „brand liking" auf das Konstrukt „brand intentions".[320] *Okazaki* stellt in seiner Studie zur Untersuchung der Determinanten des WoM auf mobilen Endgeräten ebenfalls die Hypothese auf, dass die Einstellung gegenüber der Kampagne eine positive Wirkung auf die Teilnahmeabsicht und somit auch auf die Weiterleitungsabsicht hat. Wie die Ergebnisse zeigen, ist dieser Einfluss hoch signifikant.[321] Auch die Theorie des mobilen viralen Marketings von *Palka/Pousttchi/Wiedemann* erklärt einen Effekt der Einstellung auf das Weiterleitungsverhalten.[322] Eine auf dieser Theorie basierenden empirischen Studie von *Yang/Zhou* bestätigt diesen Zusammenhang.[323] *Huber/Meyer/Weihrauch* identifizieren ebenfalls einen Einfluss der Einstellung gegenüber der Werbung auf die WoM-Absicht. Untersuchungsgegenstand ihrer Studie ist das Guerilla-Marketing. Ähnlich der viralen Werbung setzt es auf „überraschende, außergewöhnliche und Aufmerksamkeit erregende Aktionen, die idealerweise so originell sind, dass sie sich herumsprechen".[324] In diesem Zusammenhang erwarten sie einen positiven Einfluss der Einstellung gegenüber einer Guerilla-Marketing-Aktion auf die WoM-Absicht bezüglich dieser. Ihre Ergebnisse belegen einen solchen Effekt.[325]

---

[317] Vgl. Shimp (1981), S. 48; Lutz/MacKenzie (1989), S. 48.
[318] Vgl. MacKenie/Lutz/Belch (1986), S. 140.
[319] Smith/Chen/Yang (2008), S. 58.
[320] Vgl. Smith/Chen/Yang (2008), S. 59.
[321] Vgl. Okazaki (2008), S. 726.
[322] Vgl. Palka/Pousttchi/Wiedemann (2009), S. 182.
[323] Vgl. Yang/Zhou (2011), S. 93.
[324] Huber/Meyer/Weihrauch (2012), S. 160.
[325] Vgl. Huber/Meyer/Weihrauch (2012), S. 164.

Vor dem Hintergrund der zuvor angestellten Überlegungen ist ein vergleichbarer Effekt also auch für virale Werbung als Untersuchungsgegenstand zu erwarten. Demzufolge hat die Einstellung gegenüber dem Online-Werbespot einen positiven Einfluss auf die Weiterleitungsabsicht. Daraus ergibt sich die folgende Hypothese:

H5: Je positiver die A_{Ad} ist, desto stärker ist die Absicht, den Online-Werbespot weiterzuleiten.

3.3 Der Einfluss der Eigenschaften des Online-Werbespots auf die Motive interpersoneller Kommunikation

3.3.1 Der Einfluss der Neuartigkeit der Werbung auf das Motiv Individualität

Wie das Konzept der Identitätssignalisierung besagt, konsumieren Individuen verschiedene Produkte, um mit deren Hilfe ihre tatsächliche oder ideelle Identität zu kommunizieren.[326] Insofern ist es dem Konzept des „Impression Management" sehr ähnlich, welches ebenfalls dem Zweck der Selbstpräsentation dient.[327] Die theoretischen Grundlagen für beide Konzepte liegen sowohl in der Einzigartigkeitstheorie, der Theorie der sozialen Identität, der Selbstkategorisierungstheorie und der Theorie der optimalen Unterscheidung.[328] *Berger/Heath* zeigen, dass besonders die im sozialen Umfeld sichtbaren Produktkategorien zur Signalisierung der Identität genutzt werden. Besonders in diesen Kategorien neigen Personen dazu, in ihrer Wahl von der breiten Masse abzuweichen, um sich so von der Gruppe abzuheben.[329] Der Grund dafür liegt im menschlichen Bedürfnis nach Einzigartigkeit, das entsteht, wenn ein Individuum einen Zustand zu starker Gleichartigkeit zu seinen Mitmenschen erlebt.[330] In diesem Zusammenhang postuliert *Fromkin*, dass besonders neuartige Produkte die Möglichkeit zur Darstellung der Einzigartigkeit bieten: „One socially acceptable means of unique self definition is possession of and /or communication about scarce products to other persons".[331] *Arbore/Soscia* können dies mit Hilfe ihrer empirischen Studie bestätigen.[332] Verschiedene Autoren übertragen das Konzept der Identitätssignalisierung auf das Medium Internet und zeigen, dass Individuen eigene Webseiten unterhalten, um ihre Identität darüber für andere sichtbar zu ma-

[326] Vgl. Ferraro (2010), S. 1.
[327] Vgl. Schau/Gilly (2003), S. 387.
[328] Vgl. Vignoles/Chryssochoou/Breakwell (2000), S. 337.
[329] Vgl. Berger/Heath (2007), S. 121 f.
[330] Vgl. Vignoles/Chryssochoou/Breakwell (2000), S. 338.
[331] Fromkin (1971), S. 467.
[332] Vgl. Arbore/Soscia (2009), S. 4.

chen.[333] Aufbauend auf *Fromkins* Aussage ist also zu erwarten, dass die Neuartigkeit eines Online-Werbespots einen positiven Einfluss auf das Motiv Individualität besitzt. Auf dieser Basis ergibt sich die folgende Hypothese:

H6: Je neuartiger ein Online-Werbespot ist, desto höher ist das Motiv Individualität, diesen Online-Werbespot weiterzuleiten.

3.3.2 Der Einfluss der Nützlichkeit der Botschaft auf das Motiv Altruismus

Alle Formen interpersonellen Austauschs basieren der Theorie des sozialen Austauschs zufolge auf einer von sechs Entscheidungsregeln.[334] Altruismus stellt eine dieser Regeln dar und wird als eine Form des Austauschs beschrieben, bei dem der Nutzen für die andere Person höher ist als der eigene Nutzen, der aus dem Austausch hervorgeht.[335] In Anlehnung an die Theorie des sozialen Austauschs beschreibt die Ressourcen-Theorie verschiedene Formen des Inhalts dieser Austauschbeziehungen. Diese werden in sechs Kategorien gegliedert: (1) Liebe, (2) Status, (3) Information, (4) Geld, (5) Güter und (6) Dienstleistungen.[336] Ausgehend von dieser Kategorisierung sind Marketing-Botschaften in Form von Online-Werbespots also der Kategorie Information zuzuordnen. Innerhalb der altruistischen Perspektive des sozialen Austauschs existiert nun wieder eine Sonderform, der reziproke Altruismus. Die Ausübung altruistischer Verhaltensweisen ist hierbei an die Annahme gebunden, dass die Person, die von dem Verhalten profitiert, dieses zu einem nicht genau spezifizierten Zeitpunkt in der Zukunft rückvergütet.[337] Eine Ausprägung reziproken Altruismus betrifft dabei den Austausch von Wissen bzw. Information, wie *Trivers* konstatiert.[338] Die zentrale Aussage des reziproken Altruismus liegt darin, dass der Nutzen beider Parteien der Austauschbeziehung größer ist als die Kosten, die das altruistische Verhalten verursacht.[339] Je geringer die Kosten bzw. je höher der Nutzen des Austausches der Beziehung ist, desto eher werden Individuen also zu reziprok-altruistischem Verhalten tendieren. Bezogen auf den Austausch von Informationen ist reziprok-altruistisches Verhalten somit abhängig vom Nutzen der Information, oder, wie im Fall

[333] Vgl. Schau/Gilly (2003), S. 399; Trammell/Keshelashvili (2005), S. 975 ff.; Ellison/Heino/Gibbs (2006), S. 430 f.
[334] Vgl. Meeker (1971), S. 490.
[335] Vgl. Meeker (1971), S. 490; Cropanzano/Mitchell (2005), S. 879.
[336] Vgl. Donnenworth/Foa (1974), S. 786; Brinberg/Wood (1983), S. 330.
[337] Vgl. Trivers (1971), S. 45; Wasilieski/Hayibor (2009), S. 592.
[338] Vgl. Trivers (1971), S. 45.
[339] Vgl. Wasilieski/Hayibor (2009), S. 592.

der vorliegenden Arbeit, der Nützlichkeit der Botschaft des Online-Werbespots. Wie *Hall/Graham* und *Lampel/Bhalla* feststellen, ist das Teilen von Wissen innerhalb sozialer Netzwerke oft altruistisch motiviert.[340] *Jin et al.* zeigen in diesem Zusammenhang, dass die Nützlichkeit der Information dabei als ein wichtiger Einflussfaktor gilt.[341] *Kollocks* Feststellung eines Einflusses der Nützlichkeit der Information sowie der dazugehörigen Kosten der Verbreitung auf die altruistische Motivation unterstützen diese Auffassung.[342]

Aufgrund dieser Überlegungen ergibt sich die Hypothese, dass die Nützlichkeit der Botschaft einen positiven Einfluss auf die altruistische Motivation in Bezug auf die Weiterleitung eines Online-Werbespots hat:

H7: Je nützlicher die Botschaft eines Online-Werbespots ist, desto höher ist das Motiv Altruismus, diesen Online-Werbespot weiterzuleiten.

3.3.3 Der Einfluss der Unterhaltung auf die Motive persönliches Wachstum, Vergnügen und Eskapismus

Wie die Theorie des sozialen Kapitals besagt, gehen Individuen soziale Beziehungen ein, weil sie sich dadurch einen gewissen Nutzen erhoffen. Dieser Nutzen gliedert sich in vier Kategorien. Erstens erleichtern soziale Beziehungen den Informationsfluss. Zweitens besteht die Möglichkeit, mit Hilfe sozialer Beziehungen Einfluss auf andere zu nehmen. Drittens können Personen, zu denen man soziale Beziehungen unterhält, als Referenz für Dritte gelten. Viertens festigen soziale Beziehungen die Identität und tragen zur mentalen Gesundheit bei.[343] Besonders die zweite Perspektive ist hierbei relevant, da sie direkt mit persönlichem Wachstum verbunden ist. Wie verschiedene Studien und Ansätze zeigen, kann soziales Kapital hilfreich für persönliches Wachstum sein.[344] Insofern werden Individuen versuchen, soziale Beziehungen aufrecht zu erhalten, um das darin enthaltene soziale Kapital nutzen zu können.[345] Die „Relationship Maintenance"-Perspektive liefert hierzu verschiedene Strategien, die Indi-

---

340 Vgl. Hall/Graham (2004), S. 244; Lampel/Bhalla (2007), S. 449.
341 Vgl. Jin et al. (2009), S. 1178.
342 Vgl. Kollock (1999), S. 229.
343 Vgl. Lin (1999), S. 30.
344 Vgl. Lin (1999), S. 36; Whiting/Janasz (2004), S. 284; Ellison/Steinfeld/Lampe (2007), S. 1162.
345 Vgl. Ellison/Steinfeld/Lampe (2008), S. 443.

viduen einsetzen, um eine Beziehung aufrecht zu erhalten. „Relationship Maintenance“ wird hierbei definiert als der erbrachte Einsatz zur fortlaufenden Existenz einer Beziehung.[346]

Canary et al. identifizieren, basierend auf der Arbeit von *Stafford/Canary,* eine Typologie aus zehn verschiedenen Strategien zur Aufrechterhaltung, von denen vor allem der Typ „positivity“ für diesen Abschnitt von Bedeutung ist.[347] Diese Strategie zielt darauf ab, die Interaktion erfreulich zu gestalten, sich gegenseitig Gefallen zu tun und/oder, je nach Grad der Intimität der Beziehung, Zuneigung zu zeigen.[348] Wie *McQuail* beschreibt, liegt der Nutzen des Konstrukts Unterhaltung u.a. in seiner Fähigkeit, Freude zu stiften.[349] Insofern kann ein unterhaltsamer Online-Werbespot als Mittel einer Positivitätsstrategie zur Aufrechterhaltung einer Beziehung zum Einsatz kommen, die einer Person soziales Kapital zu persönlichem Wachstum bietet. Im Kontext von Fernbeziehungen, also Beziehungen, die über seltenen direkten Kontakt verfügen, konnten *van Horn et al.* zeigen, dass „positivity“ öfter als Strategie zur Aufrechterhaltung einer Beziehung herangezogen wird.[350] Wenn Individuen die andere Person in der Beziehung als intelligent ansehen, d.h. dass diese höchstwahrscheinlich soziales Kapital für persönliches Wachstum darstellt, so ist ihr computergestütztes Kommunikationsverhalten ebenfalls mehr von einer positiven Strategie geprägt, wie *Walther* in seiner qualitativen Analyse beschreibt.[351] In einer empirischen Studie zur Aufrechterhaltung von rein Internet basierten und hauptsächlich Internet basierten Beziehungen von *Wright* zeigt sich die Strategie „positivity“ neben der Strategie „openess“ zudem als wichtigste Form der Aufrechterhaltung der beiden Beziehungsformen.[352]

Aus diesen Ausführungen ergibt sich die Hypothese, dass der Faktor Unterhaltung einen positiven Einfluss auf das Motiv persönliches Wachstum, bezogen auf die Weiterleitung eines Online-Werbespots, besitzt:

H8: Je unterhaltsamer ein Online-Werbespot ist, desto höher ist das Motiv persönliches Wachstum, diesen Online-Werbespot weiterzuleiten.

[346] Vgl. Dindia/Canary (1993), S. 164.
[347] Vgl. Stafford/Canary (1991), S. 228; Canary et al. (1993), S. 3 ff.
[348] Vgl. Wright (2004), S. 246.
[349] Vgl. Ducoffe (1996), S. 23; McQuail (2000), S. 80.
[350] Vgl. van Horn et al. (1997), S. 32.
[351] Vgl. Walther (1996), S. 27 f.
[352] Vgl. Wright (2004), S. 249.

Wie das Modell des „goal setting“ von *Bagozzi/Dholakia* besagt, basieren willentliche, zielgerichtete, menschliche Handlungen auf einem Zielsetzungsprozess. Diesen Prozess unterteilen die Autoren in sechs Stufen: (1) Zielsetzung, (2) Formung einer Zielintention, (3) Aktionsplanung, (4) Aktionsinitiierung, (5) Zielerreichung bzw. Zielverfehlung und (6) Feedbackreaktionen. Die Stufe der Zielsetzung beschreibt dabei die Frage, welche Ziele verfolgt werden können und warum diese verfolgt werden. In der Stufe der Formung einer Zielintention wählt das Individuum das zu verfolgende Ziel. In der Phase der Aktionsplanung eruiert es dann die verschiedenen Alternativen der Zielerreichung, um nach der Auswahl die entsprechend präferierte Variante der Zielerreichung in der vierten Stufe zu initiieren. Je nach dem wie anschließend die Bewertung der Zielerreichung ausfällt, wird das Individuum Schlüsse für zukünftige Zielsetzungsprozesse in Form von Feedbackreaktionen ziehen.[353] Ausgehend vom Modell der Motive interpersoneller Kommunikation nutzen Individuen zwischenmenschliche Kommunikation, weil es Spaß macht, stimuliert und unterhaltsam ist.[354] Bezogen auf das Modell des „goal setting“ setzen sie sich also das Ziel, Vergnügen durch den Austausch mit anderen zu erfahren. Eine der Alternativen hierfür bietet das Weiterleiten eines Online-Werbespots. In der Phase der Aktionsplanung wird eine Person daher diese Möglichkeit zur Zielerreichung bewerten. Innerhalb dieses Bewertungsprozesses werden die sog. „outcome-expectancies“ analysiert, d.h. die subjektiv wahrgenommene Wahrscheinlichkeit, dass eine Handlungsoption zur Zielerreichung führt.[355] Wie *McQuail* beschreibt, liegt der Nutzen des Faktors Unterhaltung u.a. in seiner Fähigkeit, das Bedürfnis nach Vergnügen zu erfüllen.[356] Je unterhaltsamer ein Online-Werbespot ist, desto eher wird diese Eigenschaft auch zu einer höheren subjektiv wahrgenommenen Wahrscheinlichkeit der Zielerreichung in Bezug auf das Vergnügen interpersoneller Kommunikation führen.

Im Einklang mit dieser Hypothese stehen die Ergebnisse von *Olney/Holbrook/Batra*, die einen positiven Einfluss der Unterhaltsamkeit eines Werbespots auf das Konstrukt Hedonismus, dem Streben nach Vergnügen, demonstrieren.[357] Auch die Perspektive des hedonistischen Konsums unterstützt eine solche Auffassung. Darin werden Produkte als Mittel zum Zweck eines hedonistischen Erlebnisses angesehen.[358] Analog dazu wird der Online-Werbespot eben-

[353] Vgl. Bagozzi/Dholakia (1999), S. 20 f.
[354] Vgl. Rubin/Perse/Barbato (1988), S. 615.
[355] Vgl. Bagozzi/Dholakia (1999), S. 28.
[356] Vgl. Ducoffe (1996), S. 23; McQuail (2000), S. 80.
[357] Vgl. Olney/Holbrook/Batra (1991), S. 450.
[358] Vgl. Hirschmann/Holbrook (1982), S. 97.

falls Mittel zum Zweck der Vergnügen stiftenden interpersonellen Kommunikation. Je höher dabei der Unterhaltungswert des Online-Werbespots ist, desto ausgeprägter wird auch die hedonistische Motivation der interpersonellen Kommunikation sein. Diese Perspektive wird gestützt durch das Modell von *Holsapple/Wu* zur Adoption virtueller Online-Welten, welches auf der hedonistischen Theorie basiert und den Unterhaltungswert als Einflussfaktor für die Adaptionsmotivation postuliert.[359] Die Ergebnisse von *van der Heijden* zeigen zudem, dass der Unterhaltungsfaktor auch eine wichtige erklärende Variable zur Adoption hedonistischer Informationssysteme darstellt.[360]

Demnach kann also die Schlussfolgerung gezogen werden, dass das Konstrukt Unterhaltung einen positiven Einfluss auf das Motiv Vergnügen bezogen auf die Weiterleitung eines Online-Werbespots besitzt. Dies führt zu folgender Hypothese:

H9: Je unterhaltsamer ein Online-Werbespot ist, desto höher ist das Motiv Vergnügen, diesen Online-Werbespot weiterzuleiten.

Als theoretische Basis zur Erklärung eines Einflusses des Faktors Unterhaltung auf das Motiv Eskapismus wird im Folgenden das Konzept der Prokrastination herangezogen. *Schraw/Wadkins/Olafson* definieren Prokrastination als das unnötige Aufschieben oder Vermeiden von Aufgaben und Tätigkeiten, deren Erfüllung notwendig ist.[361] In diesem Zusammenhang identifizieren *Thatcher/Wretschko/Fridjhon* zwei Forschungsansätze. Entsprechend der ersten Perspektive wird Prokrastination als ein Ergebnis verschiedener Charaktereigenschaften, wie Extrovertiertheit, Gewissenhaftigkeit und externe Kontrollüberzeugung angesehen.[362] Der zweite Ansatz ist situativer Natur und geht davon aus, dass Individuen stärker zu prokrastinativem Verhalten tendieren, wenn die zu erledigende Aufgabe als weniger erfreulich oder intrinsisch unangenehm angesehen wird. Diesem Ansatz folgend werden Personen also Aufgaben, die weniger langweilig d.h. unterhaltsamer sind, der eigentlichen Aufgabe vorziehen.[363] Analog zur dieser Sichtweise liegt der Unterhaltungswert von Massenmedien in deren

[359] Vgl. Holsapple/Wu (2007), S. 89.
[360] Vgl. van der Heijden (2004), S. 701.
[361] Vgl. Schraw/Wadkins/Olafson (1999), S. 12.
[362] Vgl. Steel/Brothen/Wambach (2001), S. 102; Thatcher/Wretschko/Fridjhon (2008), S. 2239.
[363] Vgl. Blunt/Pychyl (2005), S. 1778; Thatcher/Wretschko/Fridjhon (2008), S. 2239.

Fähigkeit, u.a. das Motiv nach Eskapismus zu erfüllen.[364] Das Motiv äußert sich in der Vermeidung von Aktivitäten, die uns lästig erscheinen, und dem sonstigen Zeitvertreib.[365] Somit steht es in engem Zusammenhang mit der situativen Perspektive des Prokrastinationskonzepts.

Das Internet als Unterhaltungsmedium wird in diesem Zusammenhang von einer Vielzahl von Studien als Ziel prokrastinativen Verhaltens untersucht. Hierbei werden Begriffe wie „cyberslacking" oder „cyberloafing" verwendet, um die prokrastinative Form der Internetnutzung zu beschreiben.[366] Die Ergebnisse der Studie von *Lavoie/Pychyl* zeigen, dass das Internet aufgrund seines Unterhaltungswertes häufig zur Prokrastination verwendet wird. Dabei greifen sie auch die sozialen und interaktiven Aspekte des Internets als Treiber prokrastinativen Verhaltens heraus.[367] Das Weiterleiten eines Online-Werbespots stellt genau ein solches soziales und interaktives Erlebnis innerhalb des Internets dar. Die „Online Cognition Scale" (OCS) von *Davis/Flett/Besser* zur Untersuchung problematischer Internetnutzung enthält u.a. den Faktor „distraction". Dieses eng mit dem Konzept der Prokrastination verbundene Konstrukt bezieht sich ebenfalls auf die Verwendung des Internets zur Vermeidung anderer Tätigkeiten.[368] In diesem Zusammenhang untersuchen *Thatcher/Wretschko/Fridjhon* die genaueren Einflussfaktoren für problematische bzw. prokrastinative Internetnutzung. Ihren Resultaten zufolge sind es besonders Formen der interpersonellen Kommunikation via Internet, wie Chatten, Instant Messaging und Online-Telefonie, die prokrastinative Verhaltensweisen voraussagen.[369] Die Ergebnisse von *Klassen et al.* zu verschiedenen sog. „replacement activities", also den Tätigkeiten, denen Individuen statt der erforderlichen Aufgabe nachgehen, stützen die Auffassung. Vier der 14 meist genannten Ersatzaktivitäten stellen Formen der interpersonellen on- bzw. offline Kommunikation dar.[370]

Fasst man die o.g. Forschungsergebnisse zusammen, so ist davon auszugehen, dass der Unterhaltungswert eines Online-Werbespots einen positiven Einfluss auf das Eskapismus-Motiv in Bezug auf das Weiterleiten des Online-Werbespots besitzt. Somit gelangt man zu der folgenden Hypothese:

---

[364] Vgl. Ducoffe (1996), S. 23; McQuail (2000), S. 80.
[365] Vgl. Rubin/Perse/Barbato (1993), S. 615.
[366] Vgl. Lavoie/Pychyl (2001), S. 432; Lim (2002), S. 675.
[367] Vgl. Lavoie/Pychyl (2001), S. 440.
[368] Vgl. Davis/Flett/Besser (2002), S. 341.
[369] Vgl. Thatcher/Wretschko/Fridjhon (2008), S. 2247.
[370] Vgl. Klassen et al. (2010), S. 372.

H10: Je unterhaltsamer ein Online-Werbespot ist, desto höher ist das Motiv Eskapismus, diesen Online-Werbespot weiterzuleiten.

3.4 Der Einfluss der Motive interpersoneller Kommunikation auf die Weiterleitungsabsicht

3.4.1 Das Motiv Individualität

Vignoles/Chryssochoou/Breakwell zufolge ist das Streben nach Besonderheit bzw. Einzigartigkeit eines der fundamentalen menschlichen Bedürfnisse.[371] Daraus erwächst das Motiv der Individualität. *Maslach/Stapp/Santee* definieren es als den Willen, hervorzustechen oder sich von anderen Menschen zu unterscheiden.[372] Innerhalb der FIRO-Theorie ist es der Dimension Einbeziehung zuzuordnen und betrifft die negative Ausprägung der Dimension, d.h. das Motiv nicht als Mitglied einer Gruppe wahrgenommen zu werden, sondern als Individuum (s. Tabelle 1). Individuen nutzen also die interpersonelle Kommunikation, um ihre Individualität zum Ausdruck zu bringen. *Ho/Dempsey* vermuten einen Einfluss des Motivs Individualität auf das Weiterleiten von Online-Inhalten, den sie mit Hilfe der folgenden Studien begründen.[373]

Chan/Misra führen das Motiv Individualität das erste Mal in die WoM-Forschung ein: „The act of disseminating information through word-of-mouth makes opinion-leaders stand out among their group and makes them ‚different' than the other members".[374] Der gleiche Effekt, so nehmen *Ho/Dempsey* an, gilt auch für das Weiterleiten von Online-Inhalten und somit auch für Online-Werbespots als eine Form von Online-Inhalten.[375] In Zusammenhang damit steht die Studie von *Chung/Darke*, deren Ergebnisse zeigen, dass individualistisch orientierte Konsumenten bei persönlichkeitsbezogenen Produkten ein höheres WoM-Egagement zeigen als bei nutzenbezogenen Produkten.[376] Entsprechend ihrer Ergebnisse können *Ho/Dempsey* den Einfluss der Motivs Individualität auf das Weiterleiten von Online-Inhalten bestätigen.[377]

[371] Vgl. Vignoles/Chryssochoou/Breakwell (2000), S. 350.
[372] Vgl. Maslach/Stapp/Santee (1985), S. 730.
[373] Vgl. Ho/Dempsey (2011), S. 1001.
[374] Chan/Misra (1990), S. 54.
[375] Vgl. Ho/Dempsey (2011), S. 1001.
[376] Vgl. Chung/Darke (2006), S. 275.
[377] Vgl. Ho/Dempsey (2011), S. 1003.

Darüber hinaus belegen auch die Ergebnisse von *Verlegh/Buijs/Zethof* den Effekt des Motivs Individualität auf Produktempfehlung als eine bestimmte Form des WoM.[378] Wie bereits beschrieben, handelt es sich bei Online-Werbespots ebenfalls um produkt- bzw. markenbezogene Informationen (s. *Kapitel 2.1.2*), weshalb ein analoger Zusammenhang zu erwarten ist. *Haradakis/Hansons* Faktor „social interaction", der eine individualistische Komponente enthält, zeigt auch einen Einfluss auf das Weiterleitungsverhalten von YouTube-Videos.[379] Da Online-Werbespots, wie in *Kapitel 2.1.1* beschrieben, häufig auf YouTube veröffentlicht werden, indiziert dies einen ähnlichen Zusammenhang für den Untersuchungsgegenstand dieser Arbeit. Auch *Hollenbaughs* Studie zu den Motiven des Führens von Online-Blogs unterstützt diese Hypothese. Sie identifiziert den Faktor „Exhibitionism", der eine Zurschaustellung der eigenen Persönlichkeit widerspiegelt und dem Motiv Individualität sehr ähnlich ist.[380] In Anbetracht der Tatsache, dass Online-Werbespots auch über Blogs weitergeleitet werden, ist davon auszugehen, dass ein solches Motiv für diese Studie ebenfalls relevant ist.

Vor dem Hintergrund dieser Überlegungen ist also davon auszugehen, dass das Motiv Individualität einen Einfluss auf die Weiterleitungsabsicht in Bezug auf Online-Werbespots hat. Daraus ergibt sich die folgende Hypothese:

H11: Je stärker die individualistische Motivation einer Person ist, desto höher ist die Absicht, einen Online-Werbespot weiterzuleiten.

3.4.2 Das Motiv Altruismus

Wie die FIRO-Theorie zeigt, kommunizieren Personen miteinander, um dadurch verschiedene interpersoneller Bedürfnisse zu befriedigen (s. *Kapitel 2.3.2*). *Schutz*, der Begründer der Theorie, identifiziert drei Dimensionen von Motiven: Zuneigung, Einbeziehung und Kontrolle.[381] Aus diesen drei Dimensionen leiten *Ho/Dempsey* verschiedene Motive für das Weiterleiten von Online-Inhalten ab. Innerhalb der Kategorie Zuneigung argumentieren sie für das Motiv Altruismus und dessen positiven Einfluss auf das Weiterleitungsverhalten in Bezug auf Online-Inhalte.[382] Das Motiv Altruismus beschreibt dabei selbstlose Handlungen zum Vorteil ei-

[378] Vgl. Verlegh/Buijs/Zethof (2008), S. 51.
[379] Vgl. Haridakis/Hanson (2009), S. 328.
[380] Vgl. Hollenbaugh (2011), S. 16.
[381] Vgl. Schutz (1958), S. 129.
[382] Vgl. Ho/Dempsey (2011), S. 1001.

nes anderen, die auf Liebe und Zuneigung basieren und dem Erhalt interpersoneller Beziehungen dienen.[383] Neben der FIRO-Theorie geht auch das Modell der Motive interpersoneller Kommunikation von einem Einfluss des Motivs Zuneigung auf das interpersonelle Kommunikationsverhalten aus (s. *Kapitel 2.3.3*). Wie die faktoranalytische Zusammensetzung zeigt, beinhaltet dieses eine altruistische Komponente.[384]

Für ihre Argumentation ziehen *Ho/Dempsey* eine Reihe wissenschaftlicher Arbeiten und Studien heran. So argumentiert schon *Dichter* für ein WoM-Engagement des Individuums aufgrund altruistisch gearteter Motive.[385] Die Ergebnisse von *Sundaram/Mitra/Webster* bestätigen einen solchen Zusammenhang empirisch und demonstrieren die Bedeutung des Konstrukts Altruismus als Motiv für WoM.[386] *Phelps et al.* erforschen in ihrer Studie die Motive für eWoM in Bezug auf das Weiterleiten von E-Mails. Eines der meistgenannten Motive ist dabei „to help others", also das Altruismus-Motiv.[387] *Henning-Thurau et al.* untersuchen die Motive für eWoM in sog. „consumer-opinion plattforms". Innerhalb der dazu durchgeführten Faktoren-Analyse zeigt sich Altruismus mit dem Faktor „concern for others" als eines der wichtigsten Motive für eWoM. Eine Clusterung der Probanden führt zudem zu einer Gruppe, welche ein sehr stark ausgeprägtes Altruismus-Motiv aufweist und von den Forschern den Titel „true altruists" erhält.[388] Aufbauend auf diesen Studien postulieren auch *Ho/Dempsey* einen Einfluss des Motivs Altruismus auf das Weiterleiten von Online-Inhalten, der durch ihre Ergebnisse bestätigt wird.[389] Online-Werbespots stellen eine bestimmte Form von Online-Inhalten dar, weshalb davon auszugehen ist, dass die Ergebnisse übertragbar sind.

Darüber hinaus zeigt eine Reihe weiterer wissenschaftlicher Untersuchungen die Bedeutung des Motivs Altruismus. In der Studie von *Walsh/Gwinner/Swanson* zum Verhalten von sog. „Market Mavens" ist Altruismus eines von drei Motiven, welche die Weitergabe von Produkt- und Marktinformationen erklären.[390] Auch *Verlegh/Buijs/Zethof* identifizieren Altruismus als

---

383 Vgl. Price/Feick/Gusky (1995), S. 257; Sundaram/Mitra/Webster (1998), S. 529; Ho/Dempsey (2011), S. 1001.
384 Vgl. Rubin/Perse/Barbato (1988), S. 616.
385 Vgl. Dichter (1966), S. 162.
386 Vgl. Sundaram/Mitra/Webster (1998), S. 530.
387 Phelps et al. (2004), S. 343.
388 Vgl. Henning-Thurau et al. (2004), S. 50.
389 Vgl. Ho/Dempsey (2011), S. 1003.
390 Vgl. Walsh/Gwinner/Swanson (2004), S. 115.

eines der Motive für WoM.[391] Da Online-Werbespots eine Form von Produkt- bzw. Markeninformation darstellen (s. *Kapitel 2.1.2*), ist eine Motiv-Struktur ähnlich der bei rein produktbezogenem WoM zu erwarten. Die Ergebnisse der Regressionsanalyse von *Haradakis/Hanson* ergeben einen Einfluss des Fakors „social interaction" auf das Weiterleitungsverhalten von YouTube-Videos. Dieser Faktor setzt sich u.a. aus einer altruistischen Komponente zusammen.[392] *Hollenbaugh* eruiert zudem die Motive für das Führen eines Online-Blogs. Aus den Ergebnissen ihrer Analyse resultiert der Faktor „helping/informing" als wichtigster Einfluss für das Führen eines Blogs. Wie die Zusammensetzung des Faktors zeigt, enthält dieser eine starke altruistische Komponente.[393] Da Online-Werbespots u.a. auch über Blogs und YouTube weitergeleitet werden (s. *Kapitel 2.1.1*), sind die beiden zuletzt genannten Studien ein weiterer Indikator für die Existenz einer kausalen Beziehung zwischen dem Motiv Altruismus und der Weiterleitungsabsicht hinsichtlich Online-Werbespots.

Fasst man die theoretischen Überlegungen und die dazu angeführte empirische Evidenz zusammen, so ist zu erwarten, dass das Motiv Altruismus einen positiven Effekt auf die Weiterleitungsabsicht in Bezug auf Online-Werbespots hat. Die dazu passende Hypothese lautet:

H12: Je stärker die altruistische Motivation eines Individuums ist, desto höher ist die Absicht, einen Online-Werbespot weiterzuleiten.

3.4.3 Die Motive persönliches Wachstum, Vergnügen und Eskapismus

Die dritte Dimension der FIRO-Theorie betrifft Motive der Kontrolle (s. *Kapitel 2.3.2*). Auch das Modell der Motive interpersoneller Kommunikation enthält einen solchen Faktor (s. *Kapitel 2.3.2*). Aus dieser Dimension leiten *Ho/Dempsey* das Motiv persönliches Wachstum ab.[394] *Robitschek* definiert dieses Motiv als aktives und intentionales Engagement im Prozess des persönlichen Wachstums.[395] Bezogen auf den Untersuchungsgegenstand bedeutet das, dass Personen interpersonelle Kommunikation nutzen, um dadurch persönlich zu wachsen. Die Argumentation von *Ho/Dempsey*, mit der sie einen positiven Einfluss des Motivs persönliches Wachstum auf das Weiterleiten von Online-Inhalten herleiten, basiert auf dem Konzept

[391] Vgl. Verlegh/Buijs/Zethof (2008), S. 3.
[392] Vgl. Haridakis/Hanson (2009), S. 328.
[393] Vgl. Hollenbaugh (2011), S. 16.
[394] Vgl. Ho/Dempsey (2011), S. 1002.
[395] Vgl. Robitschek (1998), S. 184.

des „Social Networking". Sie gehen davon aus, dass Individuen über das Weiterleiten von Online-Inhalten Beziehungen zu Personen etablieren bzw. erhalten, die ihnen in ihrem Entwicklungsprozess zu persönlichem Wachstum hilfreich erscheinen. Dazu führen *Ho/Demspey* eine Studie von *Jones* an, dessen Ergebnisse zeigen, dass die Möglichkeiten der Online-Kommunikation zu einem besseren Verhältnis zwischen Studenten und Professoren geführt hat. Darüber hinaus, so *Ho/Dempsey*, bietet das Weiterleiten von Online-Inhalten die Möglichkeit, Unabhängigkeit und Führungsqualität zu entwickeln.[396] Eine qualitative Studie von *Withing/Janasz* mit dem Fokus auf Mentor-Programme von Managern für Studenten bestätigt diese Auffassung.[397] Den so postulierten Zusammenhang zwischen dem Motiv persönliches Wachstum und dem Weiterleiten von Online-Inhalten können *Ho/Dempsey* auf Basis ihrer empirischen Ergebnisse bestätigen.[398] Besonders vor dem Hintergrund des „Social Networking" erscheint ein positiver Einfluss des Motivs persönliches Wachstum auf die Absicht, einen Online-Werbespot weiterzuleiten, ebenfalls plausibel.

Abgesehen davon bietet auch die Theorie des sozialen Kapitals einen Erklärungsansatz für einen solchen Zusammenhang. Die zentrale Aussage der Theorie besteht, wie bereits beschrieben, darin, dass Individuen soziale Beziehungen eingehen, um daraus einen Nutzen zu ziehen. Eine Art von Nutzen besteht dabei in Form des Einflusses, den die sozialen Kontakte auf andere wichtige Personen, wie z.B. Personaler oder Personen mit Personalverantwortung, ausüben können.[399] Somit steht soziales Kapital in direkter Verbindung mit persönlichem Wachstum, d.h. Individuen werden versuchen, gezielt soziale Verbindungen mit solchen Personen einzugehen und aufzubauen, die entsprechend hilfreich für persönliches Wachstum sind. In diesem Zusammenhang untersuchen *Ellison/Steinfield/Lampe* die Bedeutung von sozialen Online-Netzwerken für die Bildung sozialen Kapitals. Diese dienen häufig der Weiterleitung von Online-Werbespots und ermöglichen die Ausbildung sozialen Kapitals, das in Verbindung mit persönlichem Wachstum steht.[400] Zudem bieten sie die technische Möglichkeit zur Interkation und Kommunikation, die das Aufrechterhalten sozialer Beziehungen vereinfachen.[401] Dies führt zu folgender Hypothese:

[396] Vgl. Ho/Dempsey (2011), S. 1002.
[397] Vgl. Whiting/de Janasz (2004), S. 284.
[398] Vgl. Ho/Dempsey (2011), S. 1003.
[399] Vgl. Lin (1999), S. 30 f.
[400] Vgl. Ellison/Steinfield/Lampe (2007), S. 1162 ff.
[401] Vgl. Steinfield/Ellison/Lampe (2008), S. 443.

H13: Je stärker das Motiv zu persönlichem Wachstum ist, desto höher ist die Absicht, einen Online-Werbespot weiterzuleiten.

Die Aussage „people use communication for pleasure" ist eine der zentralen Erkenntnisse des Modells der Motive interpersoneller Kommunikation.[402] Aufbauend auf der FIRO-Theorie und der Theorie von Nutzen und Gratifikationen identifiziert das Modell also auch das Motiv Vergnügen als Beweggrund für interpersonelle Kommunikation (s. *Kapitel 2.3.3*). Das Motiv besagt, dass Menschen mit anderen kommunizieren, weil es Spaß macht, stimuliert und unterhaltsam ist.[403] Das Weiterleiten von Online-Werbespots ist eine Form der interpersonellen Kommunikation. Insofern ist ein Einfluss des Motivs Vergnügen auf die Weiterleitungsabsicht für diesen konkreten Untersuchungsgegenstand anzunehmen. Eine Reihe empirischer Studien und wissenschaftlicher Arbeiten, die alle auf dem Ansatz der Theorie von Nutzen und Gratifikationen basieren, lassen ebenfalls darauf schließen. So analysieren *Alwitt/Prabhaker* die Funktionen von TV-Werbung. Die Ergebnisse ihres Regressionsmodels demonstrieren die hedonistische Funktion von TV-Werbung.[404]

In einer qualitativen Studie zu Nutzen und Gratifikationen von Werbung im Allgemeinen identifiziert *O'Donohoe* „entertainment" als eines der Motive, sich Werbung anzusehen.[405] Analog zu den beiden empirischen Studien integrieren *Rodgers/Thorson* das Motiv „entertainment" in ihr Modell der interaktiven Werbung.[406] Die Erkenntnisse hinsichtlich des Motivs Vergnügen in Bezug auf Werbung sind insofern relevant, da Online-Werbespots im Rahmen der vorliegenden Arbeit den Inhalt der interpersonellen Kommunikation darstellen. Darüber hinaus beschäftigen sich andere Studien mit Nutzen und Gratifikationen des Mediums Internet, welches als Kommunikations- und Übertragungsmedium viraler Werbung dient. Die viel zitierte Arbeit von *Papacharissi/Rubin* zu den Nutzenarten des Internets identifiziert „entertainment" als eines der Motive für die Internetnutzung, welches dem Motiv Vergnügen in dieser Arbeit entspricht.[407] Die Studien von *Song et al.* und *LaRose/Eastin* stützen dieses Ergebnis.[408] Zwei Studien zu sozialen Online-Netzwerken, die als gängige Plattform zur Wei-

402 Rubin/Perse/Barbato (1988), S. 620.
403 Vgl. Rubin/Perse/Barbato (1988), S. 615.
404 Vgl. Alwitt/Prabhaker (1992), S. 39.
405 Vgl. O'Donohoe (1994), S. 61 f.
406 Vgl. Rodgers/Thorson (2000), S. 45.
407 Vgl. Papacharissi/Rubin (2000), S. 187.
408 Vgl. Song et al. (2004), S. 389; LaRose/Eastin (2004), S. 370.

terleitung von Online-Werbespots dienen (s. *Kapitel 2.1.3*), zeigen, dass diese für interpersonelle Kommunikation verwendet werden und ihre Nutzung u.a. durch „entertainment“ (Vergnügen) motiviert ist.[409] Darüber hinaus lassen die Ergebnisse von *Phelps et al.* darauf schließen, dass das Weiterleitungsverhalten (innerhalb der Studie in Bezug auf E-Mails) auf dem Motiv Vergnügen basiert.[410] Die Ergebnisse der Studien von *Haradakis/Hanson* zum Betrachtungs- und Weiterleitungsverhalten hinsichtlich YouTube-Videos sowie von *Lee et al.* zur Nutzung einer sog. „mobile content sharing app“ belegen diese Auffassung zusätzlich.[411] Insofern sind alle Elemente, die einen Teil des Untersuchungsgegenstands virale Werbung ausmachen, durch Vergnügen motiviert. Daher ist ein entsprechender Effekt des Motivs Vergnügen auch für die Weiterleitungsabsicht in Bezug auf Online-Werbespots zu erwarten.

Abgesehen davon dient auch die „Reader Response Theory“ zur Herleitung eines solchen Zusammenhangs. Mit einem der Theorie von Nutzen und Gratifikationen ähnlichen Ansatz versucht diese Theorie, die Rolle der Massenkommunikation im Leben der Menschen zu erklären.[412] Im Gegensatz zur Theorie von Nutzen und Gratifikationen liegt der Fokus der „Reader Response Theory“ jedoch auf der sozialen Komponente und weniger auf dem individuell-psychologischen Nutzen.[413] In Anlehnung an die Theorie führt *Lull* eine qualitative Studie zu den sozialen Nutzendimensionen des Fernsehens durch. Dieser Studie zufolge werden Fernsehsendungen als Thema einer Konversation zwischen zwei Personen aufgrund des Motivs „entertainment“, zur interpersonellen Kommunikation herangezogen. [414] Ähnliche Ergebnisse zeigt auch die Studie von *Ritson/Elliot* für Werbung als Untersuchungsgegenstand.[415] Überträgt man diese Ergebnisse also nun auf virale Werbung, so ist anzunehmen, dass das Motiv Vergnügen ebenfalls als Beweggrund für die interpersonelle Kommunikation in Form der Weiterleitung des Online-Werbespots dient. Aus der Gesamtheit dieser Überlegungen ergibt sich folgende Hypothese:

H14: Je stärker die Ausprägung des Motivs Vergnügen ist, desto höher ist die Absicht, einen Online-Werbespot weiterzuleiten.

[409] Vgl. Raacke/Bonds-Raacke (2008), S. 171; Park/Kee/Valenzuela (2009), S. 730.
[410] Vgl. Phelps et al. (2004), S. 343.
[411] Vgl. Haridakis/Hanson (2009), S. 328; Lee et al. (2010), S. 1253.
[412] Vgl. Roscoe/Marshall/Gleeson (1995), S. 88; Ritson/Elliot (1999), S. 262.
[413] Vgl. Ritson/Elliot (1999), S. 262.
[414] Vgl. Lull (1980), S. 203.
[415] Vgl. Ritson/Elliot (1999), S. 265.

Analog zum Motiv Vergnügen erfolgt die Herleitung eines Zusammenhangs zwischen dem Motiv Eskapismus und der Weiterleitungsabsicht in Bezug auf Online-Werbespots auf der theoretischen Basis des Modells der Motive interpersoneller Kommunikation. Dabei werden die Verbindungen der einzelnen Elemente viraler Werbung und dem Motiv herausgearbeitet.

Wie das Modell der Motive interpersoneller Kommunikation zeigt, ist das Motiv Eskapismus einer der Beweggründe, weshalb Personen miteinander kommunizieren.[416] Das Motiv äußert sich in der Vermeidung von Aktivitäten, die uns lästig erscheinen und sonstigem Zeitvertreib.[417] Für das Medium Internet, über das virale Werbung i.d.R. verbreitet wird, konnte das Motiv Eskapismus in einer Reihe von Studien als Beweggrund für dessen Nutzung nachgewiesen werden.[418] Darüber hinaus ist Eskapismus *Dunne/Lawlor/Rowley* zufolge eines der Motive für die Nutzung von sozialen Online-Netzwerken, die häufig der Weiterleitung von Online-Werbespots dienen.[419] Die Studie von *Papacharissi/Mendelson* belegt diesen Zusammenhang.[420] In einer Studie zur Online-Kommunikation können *Alonso/Aiken* zudem die Bedeutung von Eskapismus als Motiv für die interpersonelle Kommunikation über das Internet demonstrieren.[421] Ebenso identifiziert *O'Donohoe* Eskapismus als eines der Motive für das Betrachten von Werbung.[422] Wie im Abschnitt zuvor bereits erwähnt, stellt Werbung in Form von Online-Werbespots den Inhalt der interpersonellen Kommunikation innerhalb dieser Studie dar. Die Studie von *Lull* zeigt, dass Fernsehen dem Motiv des Eskapismus dient.[423] Online-Werbespots stellen eine Form der Bewegt-Bild-Unterhaltung dar, welche dem Fernsehen sehr ähnlich ist (s. *Kapitel 2.1.1*). Auch das Weiterleitungsverhalten wird durch das Motiv Eskapismus beeinflusst. Die Studie von *Phelps et al.* demonstriert dies für den Untersuchungsgegenstand E-Mail.[424] In der Studie von *Lee et al.* kristallisiert sich Eskapismus als eines der Motive für das Nutzen von sog. „mobile content sharing applications" heraus, die auch dem Weiterleiten von Online-Inhalten dienen.[425]

---

[416] Vgl. Rubin/Perse/Barbato (1988), S. 615; Graham/Barbato/Perse (1993), S. 173.
[417] Vgl. Rubin/Perse/Barbato (1993), S. 615.
[418] Vgl. Lin (1999), S. 85; Korgaonkar/Wolin (1999), S. 62 f.; Parker/Plank (2000), S. 46; Ferguson/Perse (2000), S. 164; Sun/Rubin/Haridakis (2008), S. 418 ff.
[419] Vgl. Dunne/Lawlor/Rowley (2010), S. 51 ff.
[420] Vgl. Papacharissi/Mendelson (2011), S. 221.
[421] Vgl. Alonzo/Aiken (2004), S. 210.
[422] Vgl. O'Donohoe (1994), S. 63.
[423] Vgl. Lull (1980), S. 203.
[424] Vgl. Phelps et al. (2004), S. 343.
[425] Vgl. Lee et al. (2010), S. 1253.

Wie gezeigt werden konnte, werden alle Elemente, aus denen sich virale Werbung zusammensetzt, auch durch das Motiv Eskapismus beeinflusst. Dementsprechend ist ebenfalls ein Einfluss des Eskapismus-Motivs auf die Weiterleitungsabsicht in Bezug auf Online-Werbespots anzunehmen. Die dazu passende Hypothese lautet wie folgt:

H15: Je stärker die Ausprägung des Motivs Eskapismus ist, umso höher ist die Absicht, einen Online-Werbespot weiterzuleiten.

3.5 Moderatoreffekte

3.5.1 Das Geschlecht als moderierende Variable

Moderatoren sind quantitative oder qualitative Variablen, welche die Richtung und/ oder die Stärke der Beziehung zwischen einer unabhängigen und einer abhängigen Variable beeinflussen. Mit Hilfe von Moderatorvariablen kann eine Stichprobe in weitere Subgruppen unterteilt werden. Dies ermöglicht die Darstellung differenzierterer Ergebnisse verglichen zur alleinigen Betrachtung der Gesamtstichprobe.[426]

Wie *Weiser* beschreibt, herrschen zwischen dem Internet-Nutzenverhalten zwischen Männern und Frauen signifikante Unterschiede: „Female internet usage is mainly driven by interpersonal communication, [...] in contrast male use is manly driven by entertainment and leisure“.[427] Auch die Tätigkeiten, denen Männer und Frauen im Internet nachgehen, unterscheiden sich in Abhängigkeit des Geschlechts.[428] Diese Ergebnisse werden durch Daten des statistischen Bundesamtes aus dem Jahr 2011 bestätigt.[429] Zudem machen verschiedene Studien Unterschiede zwischen den Geschlechtern bezüglich des Kommunikationsverhaltens im digitalen Kontext aus.[430] Während *Gefen/Straub* geschlechtsspezifische Unterschiede bei der Nutzung von E-Mail erkennen, [431] identifizieren *Sussman/Tyson* auch Unterschiede zwischen Männern und Frauen, bezüglich der Inhaltsebene der interpersonellen Kommunikation über das Internet.[432] In Einklang mit diesen Ergebnissen konnte *Hargittai* auch feststellen, dass Männer und Frauen hinsichtlich der allgemeinen Nutzung sozialer Online-Netzwerke Unterschiede auf-

[426] Vgl. Baron/Kenny (1986), S. 1173 f.
[427] Weiser (2000), S. 175.
[428] Vgl. Weiser (2000), S. 175 f.
[429] Vgl. Czajka/Jechová (2012), S. 420.
[430] Vgl. Gefen/Straub (1997), S. 397; Sussman/Tyson (2000), S. 390 f.
[431] Vgl. Gefen/Straub (1997), S. 397.
[432] Vgl. Sussman/Tyson (2000), S. 390 f.

weisen. Demnach sind mehr Frauen als Männer in sozialen Online-Netzwerken aktiv, die häufig zur Weiterleitung von Online-Werbespots dienen.[433] Die Ergebnisse von *Raacke/Bonds-Raacke* zeigen zudem Differenzen in der Nutzungsfrequenz sozialer Online-Netzwerke, der Anzahl der Freunde und damit verbundenen Nutzen und Gratifikation zwischen den Geschlechtern.[434] Darüber hinaus fanden *Peluchette/Karl* heraus, dass die Geschlechter sich auch bezüglich der Inhalte von Posts, welche eine beliebte Form der Verbreitung von Online-Werbespots innerhalb sozialer Online-Netzwerke darstellen, unterscheiden.[435] *Barker* sowie *Fogel/Nehmad* konnten auch zeigen, dass Männer und Frauen bezüglich der Kommunikation via soziale Online-Netzwerke differieren. [436] Abgesehen davon demonstrieren verschiedene Studien Unterschiede zwischen den Geschlechtern in Bezug auf verschiedene Aspekte, wie Häufigkeit, Struktur und Inhalt des WoM-Verhaltens, welches in engem Bezug zur Weiterleitung von Online-Werbespots steht.[437]

Als theoretische Fundierung solcher geschlechtsspezifischen Unterschiede wird häufig die soziale Rollentheorie sexueller Unterschiede herangezogen. Unterschiede entstehen, dem von *Eagly* entwickelten Ansatz zufolge, als Konsequenz der Erwartungshaltung, den eine Gesellschaft an das Verhalten des jeweiligen Geschlechts knüpft. Wie die Theorie besagt, können diese Erwartungen als Ausprägungen der zwei Dimensionen Gemeinschaftsorientierung und Handlungsorientierung angesehen werden. Frauen, die stärker gemeinschaftsorientiert geprägt sind, verfügen eher über Attribute wie Freundlichkeit, Selbstlosigkeit, Emotionalität und Sorge um Andere. Die handlungsorientiertere Prägung von Männern führt zu einer stärkeren Ausbildung von Attributen wie Unabhängigkeit, Durchsetzungsfähigkeit und instrumentaler Kompetenz. Der Grund für die Entstehung dieser geschlechterspezifischen Erwartungen liegt demzufolge in der typischen gesellschaftlichen Rollenaufteilung zwischen Männern und Frauen.[438]

Verknüpft man diese theoretische Perspektive nun mit den zuvor genannten Ergebnissen und überträgt sie auf diese Studie, so ist zu erwarten, dass sich die Ergebnisse zwischen Männern und Frauen signifikant voneinander unterscheiden. Die dazu passende Hypothese lautet:

[433] Vgl. Hargittai (2008), S. 285.
[434] Vgl. Raacke/Bonds-Raacke (2008), S. 172.
[435] Vgl. Peluchette/Karl (2008), S. 96.
[436] Vgl. Barker (2009), S. 212; Fogel/Nehmad (2009), S. 159.
[437] Vgl. Naylor (1999), S. 168; Mitchell/Walsh (2004), S. 333; Awad/Ragowsky (2008), S. 113.
[438] Vgl. Eagly/Wood (1991), S. 309.

H16: Die Zusammenhänge im dargestellten Modell unterscheiden sich signifikant zwischen Männern und Frauen.

3.5.2 Die soziale Stellung als moderierende Variable

Anhand der Daten des Statistischen Bundesamtes zur Internetnutzung privater Haushalte aus dem Jahr 2010 zeigt sich ein großer Unterschied bei der Internetnutzung zwischen den Altersgruppen. Besonders die jüngeren Bevölkerungsgruppen (10- bis 15-Jährige, 16- bis 24-Jährige) weisen ein sehr ausgeprägtes Nutzungsverhalten auf. Mit zunehmendem Alter nimmt dieses ab.[439] Des Weiteren demonstrieren die Daten, dass besonders die Altersgruppen zwischen 10 bis 15 Jahren und 16 bis 24 Jahren das Internet zur interpersonellen Kommunikation und für das Besuchen sozialer Online-Netzwerke nutzen.[440] Auch die Ergebnisse der ARD/ZDF-Online-Studie 2009 weisen deutliche Unterschiede der Nutzung von Angeboten der interpersonellen Kommunikation via Internet in Abhängigkeit des Alters auf. Die Nutzung sozialer Online-Netzwerke ist demzufolge ebenfalls stark altersabhängig. In beiden Fällen nutzen vor allem die Altersgruppen der 14- bis 19-Jährigen sowie der 20- bis 29-Jährigen die Angebote deutlich häufiger als ältere Kohorten.[441] Ähnliche Ergebnisse für die Nutzung des Internets im Allgemeinen wie auch zur interpersonellen Kommunikation über soziale Online-Netzwerke zeigt die Studie von *Jones/Fox* für die USA.[442] Auch Daten der OECD aus dem Jahr 2011 zur Internetnutzung innerhalb der EU-Mitgliedstaaten demonstrieren eine Altersabhängigkeit nach zuvor beschriebenem Muster.[443] Abgesehen vom Alter zeigen andere Studien einen Zusammenhang zwischen dem Bildungsgrad und der Internetnutzung. Schüler/-innen und Studenten/-innen weisen in Deutschland die höchste Nutzungsintensität auf, gefolgt von Personen mit abgeschlossenem Studium. Personen mit niedrigerem Bildungsgrad nutzen das Internet wesentlich seltener.[444] Auch in den EU-Ländern nutzen Studenten das Internet am häufigsten, wie Daten der OECD demonstrieren.[445] Eine Studie des Statistischen Bundesamtes aus dem Jahr 2011 kombiniert die beiden Variablen Alter und Bildungsgrad in der Variablen soziale Stellung. Auch hier zeigt sich ein deutlicher Unterschied in Bezug auf die Nutzung sozialer Online-Netzwerke in Abhängigkeit der sozialen Stellung. Bei Schüler/ innen

[439] Vgl. Czajka (2011), S. 713.
[440] Vgl. Czajka (2011), S. 715.
[441] Vgl. Busemann/Gescheidle (2009), S. 357.
[442] Vgl. Zickuhr (2010), S. 1.
[443] Vgl. Montagnier/Wirthmann (2011), S. 30.
[444] Vgl. Welsch (2006), S. 30.
[445] Vgl. Montagnier/Wirthmann (2011), S. 30.

und Studierenden ist die Nutzung sozialer Netzwerke und interpersoneller Kommunikationsangebote im Vergleich zu Erwerbstätigen, Arbeitslosen und Rentnern mit Abstand höher.[446] Wie in *Kapitel 2.1.2* bereits beschrieben, werden Online-Werbespots vor allem über soziale Online-Netzwerke weitergeleitet, deren Nutzung gilt daher als entscheidende Voraussetzung.

Das Modell der Technologieakzeptanz wird in diesem Zusammenhang häufig als theoretische Basis für die Nutzung sozialer Online-Netzwerkeherangezogen. Es beschreibt und erklärt den Einfluss verschiedener Determinanten auf die Akzeptanz neuer Technologien.[447] Mehrere Studien demonstrieren dabei den Einfluss der Variablen Alter und Bildung auf die Akzeptanz des Internets und sozialer Netzwerke.[448] Als Grund dafür machen *Porter/Donthu* und *Chung et al.* eine geringere Ausprägung der „internet self-efficacy", also der Wahrnehmung der eigenen Nutzungskompetenz bezogen auf das Internet, bei älteren bzw. weniger gebildeten Personen aus.[449] Darüber hinaus zeigt die Studie von *Pfeil/Arjan/Zaphiris*, dass junge im Vergleich zu älteren Generationen öfter die Möglichkeiten zur Einbindung von Videos in sozialen Online-Netzwerken nutzen.[450] Diese Überlegungen lassen sich auf den Forschungsgegenstand dieser Arbeit übertragen, da Online-Werbespots häufig über soziale Netzwerke weitergeleitet werden. Insofern ist zu erwarten, dass sich innerhalb dieser Studie die Ergebnisse der Subgruppe der Studenten signifikant von denen der Erwerbstätigen unterscheiden. Daraus ergibt sich folgende Hypothese:

H17: Die Zusammenhänge im dargestellten Modell unterscheiden sich signifikant zwischen Studenten und Erwerbstätigen.

3.6 Zusammenfassende Darstellung des Hypothesengefüges

Nachdem nun sämtliche Hypothesen hergeleitet wurden, gibt Abbildung 5 noch einmal einen grafischen Überblick über das Hypothesensystem des Gesamtmodells. 17 Hypothesen erfahren aufbauend auf diesem Modell im folgenden Kapitel eine empirische Überprüfung. Die Hypothesen H1 bis H5 beschreiben dabei den Zusammenhang zwischen den drei objektbezogenen Komponenten mit der Einstellung gegenüber der Online-Werbung und darauf aufbau-

[446] Vgl. Czajka/Jechová (2012), S. 420.
[447] Vgl. Davis/Bagozzi/Warshaw (1989), S. 985.
[448] Vgl. Akhter (2003), S. 325; Porter/Donthu (2006), S. 1001; Chung et al. (2010), S. 1675.
[449] Vgl. Porter/Donthu (2006), S. 1001; Chung et al. (2010), S. 1678 f.
[450] Vgl. Pfeil/Arjan/Zaphiris (2009), S. 650.

end der Weiterleitungsabsicht. Die Hypothesen H6 bis H10 beschreiben den Einfluss derselben drei Komponenten auf die fünf Motive der interpersonellen Kommunikation. H11 bis H15 beschreiben dann wiederum den Einfluss dieser Motive auf die Weiterleitungsabsicht. H16 und H17 stellen moderierende Effekte dar.

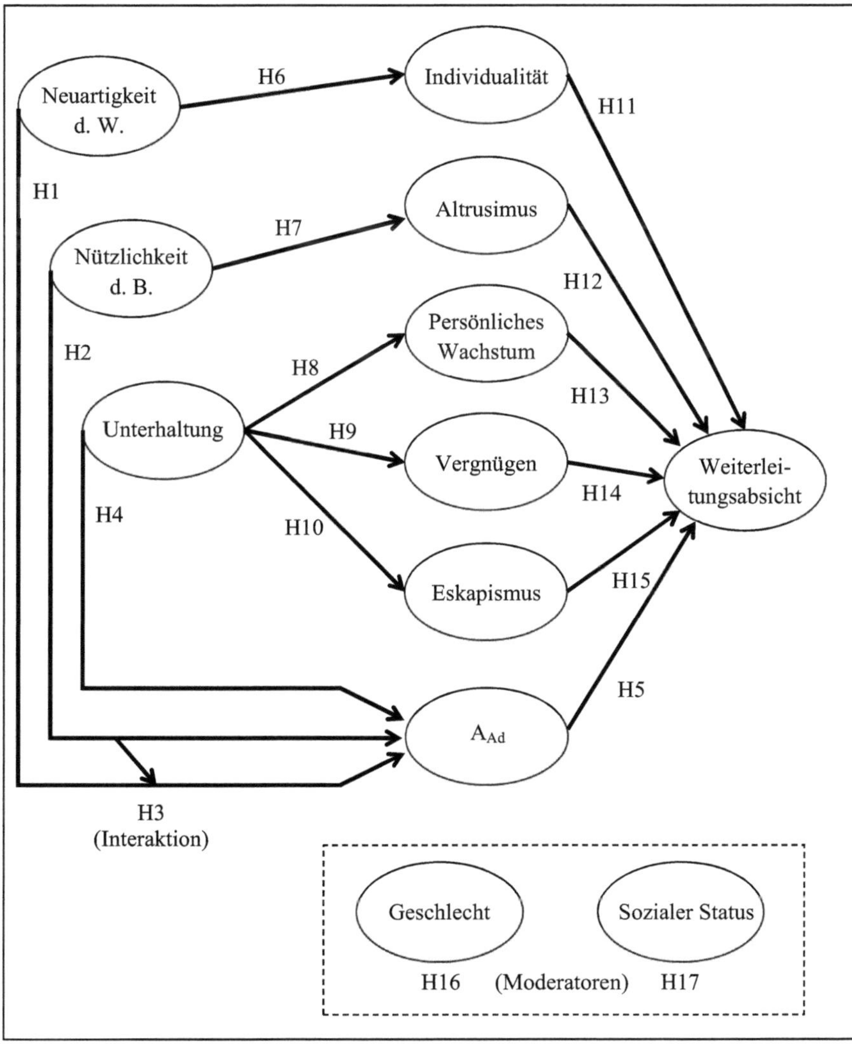

Abbildung 5: Hypothesensystem des Gesamtmodells

4 Empirische Überprüfung des Modells am Beispiel des Spots „Smart Thief Caught on Cam“ der Marke LG

4.1 Pretest zur Identifikation eines geeigneten Online-Werbespots

Zur Identifikation eines geeigneten Online-Werbespots, an dem das in *Kapitel 3* aufgestellte Modell überprüft werden kann, wurde ein Pretest mit sechs unterschiedlichen Online-Werbespots durchgeführt. Die in den Pretest einbezogenen Werbespots wurden anhand verschiedener Kriterien ausgewählt. Um als viral erfolgreich zu gelten, sollte ein Online-Werbespot nach Ansicht in der Praxis mindestens eine Million Mal angesehen worden sein.[451] Daher wurden nur Werbespots für den Pretest ausgewählt, die zum Zeitpunkt des Pretests diese Mindestanzahl erfüllten. Darüber hinaus wurden die Werbespots so ausgewählt, dass verschiedene in der Werbebranche übliche Produktkategorien,[452] Marken und Preiskategorien abgedeckt sind. Wie *Bardzell/Bardzell/Pace* demonstrieren, hat die Länge eines Online-Werbespots keinen Einfluss auf die Aufmerksamkeit der Zuschauer.[453] Daher wurde eine vergleichbare Dauer der ausgewählten Online-Werbespots nicht als Auswahlkriterium berücksichtigt. Die Dauer der Werbespots variiert zwischen 32 und 61 Sekunden. *Tabelle 2* gibt einen Überblick über die nach den zuvor genannten Kriterien ausgewählten Online-Werbespots.

Marke	Name	Produktkategorie	Views	Preiskategorie
Old Spice	The Man Your Man Could Smell Like	Cosmetics & Beauty	41.425.776	niedrig
Evian	Roller Babies	Non-Alcoholic Drinks	56.672.397	niedrig
Doritos	Man's Best Friend	Sweet Foods & Snacks	2.522.629	niedrig
Snickers	Focus Group	Sweet Foods & Snacks	1.183.572	niedrig
Volkswagen	Beetle 2011	Cars	1.205.730	hoch
LG	Smart Thief Caught on Cam	Home Electronics	4.576.107	mittel

Tabelle 2: Übersicht der für den Pretest ausgewählten Online-Werbespots

[451] Vgl. Cutler (2009), S. 42.
[452] Vgl. Cannes Lions (2012).
[453] Vgl. Bardzell/Bardzell/Pace (2008), S. 4.

Zur Durchführung des Pretests wurde eine Stichprobe aus n = 32 Probanden nach dem Verfahren des Convenience Sampling ausgewählt. Innerhalb des Pretests wurde den Probanden jeweils ein Werbespot gezeigt. Anschließend sollten sie den Werbespot anhand der Items der drei exogenen Konstrukte des Modells (Neuartigkeit der Werbung, Nützlichkeit der Botschaft und Unterhaltung) in Form eines schriftlichen Fragebogens bewerten. Dieses Verfahren wurde sukzessive für alle Werbespots des Pretests wiederholt. Auf Basis dieser Daten wurden danach der Mittelwert und die jeweilige Varianz für die einzelnen Items bestimmt (s. *Tabelle 3*).

Spot	Old Spice	Evian	Doritos	Snickers	VW	LG
Bekanntheit						
Absolut	11	9	4	3	10	5
Relativ	34,38%	28,16%	12,50%	9,38%	31,25%	15,63%
Mittelwert aller Items eines Konstrukt						
Neuartigkeit d. W.	5,8	5,7	5,3	5,4	5,4	5,9
Nützlichkeit d. B.	3,7	2,8	3	3,3	3,4	4,6
Unterhaltung	5,9	5,3	5,6	5,1	5	5,6
Varianz der Konstrukte:	1,6	2,4	2	1,3	1,1	0,5

Tabelle 3: Bekanntheit und Mittelwerte der Konstrukte im Pretest

Als erstes Auswahlkriterium für den in der Hauptstudie zu verwendenden Online-Werbespot wurde die durchschnittliche Bekanntheit herangezogen. Diese lag für den Old Spice-Spot bei 34,38%, für den Evian-Spot bei 28,16%, für den Doritos-Spot bei 12,50%, für den Snickers-Spot bei 9,38%, für den Volkswagen-Spot bei 31,25% und für den LG-Spot bei 15,63% (s. *Anhang 1*). Anhand dieser Daten wurden die Spots der Marken Old Spice, Evian und Volkswagen in einem ersten Schritt ausgeschlossen, da für die Hauptstudie ein möglichst unbekannter Online-Werbespot verwendet werden sollte. Ein darauf folgender Vergleich der Mittelwerte über die drei exogenen Konstrukte hinweg sollte Aufschluss darüber geben, welcher der drei übrigen Werbespots diesbezüglich die geringsten Unterschiede aufweist, um dadurch ausgelöste Ergebnisverfälschungen in der Hauptstudie zu vermeiden. Dazu wurde der Mittelwert über die Mittelwerte aller Items eines Konstrukts gebildet. Aus diesen drei Werten wurde dann die Varianz errechnet. Dies ergab für den Doritos-Spot eine Varianz von 2, für den Snickers-Spot eine Varianz von 1,3 und für den LG-Spot eine Varianz von 0,5 (s. *Anhang 1*).

Trotz z.T. hoher Varianzen innerhalb der Items des Konstrukts Nützlichkeit der Botschaft (siehe *Tabelle 3*), wurde der Online-Werbespot „Smart Thief Caught on Camera“ der Marke LG aufgrund dieser Vorgehensweise als Stimulus für die Hauptstudie ausgewählt.

4.2 Verfahren der Datenauswertung

4.2.1 Auswahl eines geeigneten Schätzverfahrens

Das in *Kapitel 3* aufgestellte Model beschreibt die Beziehungen zwischen dem Zielkonstrukt Weiterleitungsabsicht und dessen Determinanten. Zur Überprüfung dieses Hypothesensystems sind zum einen empirische Daten notwendig. Zum anderen muss ein statistisches Verfahren gefunden werden, welches für eine Untersuchung verhaltenswissenschaftlicher Art wie dieser geeignet ist.[454] Das Ziel dieser Studie liegt in der Überprüfung von sachlogischen Zusammenhängen der Konstrukte, d.h. der Identifikation kausaler Beziehungen zwischen abhängigen und unabhängigen Variablen innerhalb des Modells. Für solche Zwecke geeignete statistische Verfahren werden als konfirmatorisch bzw. strukturprüfend bezeichnet.[455]

Da die in der vorliegenden Arbeit verwendeten Variablen nicht beobachtbar sind, ist deren direkte Messung ausgeschlossen. Psychologische Konstrukte, wie bspw. Motive, lassen sich nur über Indikatoren als Stellvertretergrößen operationalisieren und werden daher als latente Variablen bezeichnet.[456] Aufgrund eventuell fehlerbehafteter Messinstrumente und bewusst oder unbewusst falscher Antworten der Umfrageteilnehmer treten bei der Erfassung latenter Variablen über Indikatoren jedoch häufig Messfehler auf.[457] Solche Messfehler müssen durch das ausgewählte Analyseverfahren berücksichtigt werden. Zudem sollte die Anzahl der Beziehungen zwischen den Konstrukten nicht durch das Verfahren limitiert, sondern prinzipiell beliebig sein. Darüber hinaus sollte das Verfahren in der Lage sein, die statistischen Korrelationen zwischen den exogenen Variablen, die das Zielkonstrukt erklären, abzubilden, damit vielfältige und komplexe Wirkungsstrukturen möglich sind. Nur dann gilt die Schätzung als genügend und effizient.[458] Ein Verfahren, das diesen Anforderungen gerecht wird und in der Lage ist, komplexe Ursache-Wirkungszusammenhänge zwischen latenten Variablen zu analysieren, stellt das kausalanalytische Strukturgleichungsmodell dar.[459] Der Nachweis der Kausa-

[454] Vgl. Peter (1997), S. 142.
[455] Vgl. Backhaus et al. (2006), S. 7 f.
[456] Vgl. Huber et al. (2005), S. 1.
[457] Vgl. Berekoven/Eckert/Ellenrieder (2009), S. 81.
[458] Vgl. Ohlwein (1999), S. 220.
[459] Vgl. Homburg/Pflesser/Klarmann (2008), S. 547 ff.

litäten erfolgt hierbei jedoch nicht über die statistische Methode. Das Verfahren überprüft lediglich die statistische Existenz der aufgestellten Zusammenhänge. Aussagen über kausale Zusammenhänge können erst durch die Interpretation der Ergebnisse getroffen werden.[460]

Ein Strukturgleichungsmodell setzt sich aus vier Bestandteilen zusammen: (1) dem Strukturmodell, (2) dem Messmodell sowie (3) endogenen und (4) exogenen Größen. Die Beziehungen zwischen den latenten Variablen bilden das Strukturmodell, das daher auch als inneres Modell bezeichnet wird.[461] Ausgehend vom Grad der Abhängigkeit gelten die darin enthaltenen latenten Variablen als endogene bzw. exogene Größen. So wird zwischen den unabhängigen (exogenen) und den abhängigen (endogenen) Variablen unterschieden.[462] Die einzelnen latenten Variablen und die zu ihrer Operationalisierung herangezogenen Indikatoren repräsentieren jeweils ein Messmodell.[463] In ihrer Gesamtheit stellen alle Messmodelle das äußere Modell dar, das zusammen mit dem inneren Modell das Strukturgleichungsmodell komplettiert.[464]

4.2.2 PLS als geeignetes Schätzverfahren

Laut *Huber et al.* stehen zur Schätzung von Strukturgleichungsmodellen zwei verschiedene Analyseverfahren zur Verfügung. Mit LISREL (Linear Structural Relations) erfolgt die Schätzung auf Basis der Kovarianzen. Bei PLS (Partial Least Squares) handelt es sich um ein varianzbasiertes Verfahren.[465] Da in der Vergangenheit fast ausschließlich Kovarianzstrukturanalysen in der Marketingforschung zum Einsatz kamen, wurde der Begriff sogar synonym zu Strukturgleichungsanalysen verwendet.[466] Zur Schätzung von Strukturgleichungsmodellen mit hypothetischen Konstrukten eignen sich jedoch beide Verfahren gleichermaßen.[467] Daher soll im Folgenden die Auswahl von PLS für diese Arbeit begründet werden.

Wold entwickelte den PLS-Ansatz 1985.[468] Als varianzbasiertes Verfahren generiert PLS mit Hilfe der Kleinstquadratmethode eine Schätzung des Gesamtmodells.[469] Der PLS-Algo-

[460] Vgl. Meyer (2010), S. 125.
[461] Vgl. Tenenhaus et al. (2005), S. 161.
[462] Vgl. Huber et al. (2007), S. 3.
[463] Vgl. Meyer (2010), S. 126.
[464] Vgl. Ringle (2004), S. 8.
[465] Vgl. Huber et al. (2005), S. 10.
[466] Vgl. Homburg/Baumgartner (1995), S. 1098.
[467] Vgl. Bliemel et al. (2005), S. 10.
[468] Vgl. Wold (1985), S. 581.

rithmus bedient sich dabei eines iterativen Prozesses, währendessen die Variablengewichte und die Konstruktwerte so angepasst werden, dass sie die Parameter des Struktur- und Messmodells bestmöglich abbilden. Die optimale Anpassung der Schätzung an die tatsächlichen Datenpunkte ergibt sich dabei durch die Minimierung der Residuen des Messmodells.[470] Im Vergleich zu PLS zielt LISREL auf die Erklärung empirischer Datenstrukturen ab und gilt daher als parameterorientiert. Der Einsatz von PLS erfolgt hingegen im Hinblick auf die Erklärung latenter Variablen und/oder Indikatorvariablen. Auf Basis der Kleinstquadratmethode kann die Wichtigkeit einzelner Variablen für das Zustandekommen verschiedener Zielgrößen erklärt werden. Genau dieses Ziel wird auch in der vorliegenden Arbeit verfolgt, da bspw. der Einfluss verschiedener Motive auf die Weiterleitungsabsicht untersucht werden soll.[471] Da das Erkenntnisinteresse nicht nur auf den Beziehungen zwischen den latenten Variablen liegt, sondern auch auf den Messgrößen selbst, ist PLS gegenüber LISREL zu bevorzugen. Ein weiterer Vorteil von PLS liegt in der vergleichsweise geringen Stichprobengröße von $n \geq 100$, die für die Schätzung eines komplexen Modells notwendig ist.[472] Widersprüchliche Werte, wie bspw. negative Varianzen sind zudem bei diesem Verfahren ausgeschlossen, was zu einer effizienten Auswertung führt. Darüber hinaus ist PLS ein nicht-parametrisches Verfahren, sodass im Vergleich zu LISREL keine Normalverteilung der Ausgangsdaten vorliegen muss.[473]

Bezogen auf die hohe Praxisorientierung dieser Arbeit eignet sich das PLS-Verfahren dank seiner ebenfalls starken Praxisorientierung gut für die Auswertung der empirischen Studie.[474] Abgesehen davon ist PLS in der Lage, Interaktionseffekte (s. Hypothese 3) zu berechnen, da es im Gegensatz zu LISREL nicht von der Annahme unkorrelierter Fehlerterme der Indikatoren ausgeht. Bei Interaktionseffekten wird genau diese Annahme durchbrochen, weshalb LISREL diese nicht sinnvoll berechnen kann. PLS hingegen benötigt diese Annahme zur Modellierung nicht.[475] Ein weiterer Vorteil von PLS ist die bessere Berücksichtigung formativer Konstrukte.[476] Dieser Vorteil besitzt jedoch keine Relevanz für die vorliegende Arbeit, da alle latenten Variablen innerhalb des Modells reflektiv operationalisiert werden (s. *Kapitel 4.4*).

---

[469] Vgl. Herrmann/Huber/Kressmann (2006), S. 37.
[470] Vgl. Huber et al. (2007), S. 7.
[471] Vgl. Bliemel et al. (2005), S. 10 f.
[472] Vgl. Huber et al. (2007), S. 1 f.
[473] Vgl. Huber et al. (2007), S. 29.
[474] Vgl. Huber et al. (2005), S. 27.
[475] Vgl. Chin/Marcolin/Newsted (2003), S. 197 ff.
[476] Vgl. Bliemel et al. (2005), S. 11.

Der Unterschied zwischen einer reflektiven und einer formativen Operationalisierung liegt in der unterschiedlichen Richtung der Kausalität zwischen einer Variable und ihren Indikatoren.[477] Innerhalb des reflektiven Messmodells weist die Kausalität von der theoretischen Ebene zur Beobachtungsebene.[478] Die latente Variable verursacht demnach die ihr zugeordneten Indikatoren, d.h. sobald sich die Ausprägung einer latenten Variablen verändert, folgt daraus eine Veränderung der Werte ihrer Indikatoren.[479] Jeder Indikator kann insofern als beispielhafte Manifestierung der latenten Variable angesehen werden.[480] Wären die einzelnen Indikatoren zudem eine fehlerfreie Repräsentation der latenten Variablen, würden sie perfekt miteinander korrelieren, sodass sich ein Korrelationskoeffizient von 1 ergäbe. Aufgrund von Messfehlern ist jedoch keine perfekte, sondern lediglich eine sehr hohe Korrelation der Indikatoren zu erwarten.[481] Ist dies nicht der Fall, so sollte hinterfragt werden, ob die wenig korrelierenden Items für die Operationalisierung der latenten Variable zweckdienlich sind. Dieser Sachverhalt stellt die Grundlage für die Elimination einzelner Indikatoren innerhalb der Auswertung dar.[482] Eine Elimination gestaltet sich dabei generell unproblematisch, da die einzelnen Indikatoren im reflektiven Modell als untereinander austauschbar gelten.[483] *Abbildung 6* erläutert die Zusammenhänge im reflektiven Messmodell grafisch.

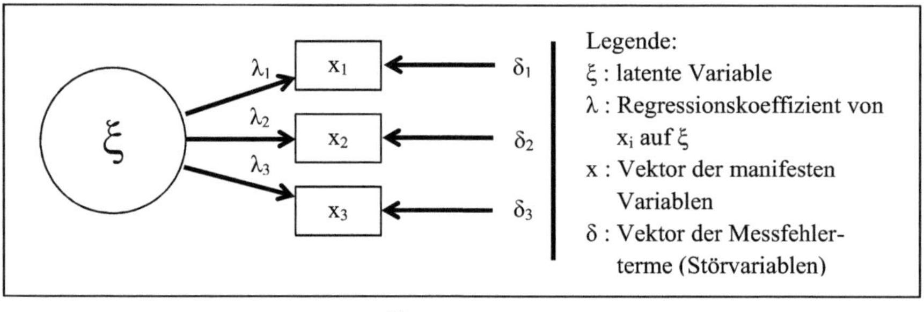

Abbildung 6: Das reflektive Messmodell[484]

[477] Vgl. Meyer (2010), S. 126.
[478] Vgl. Bliemel et al. (2005), S. 36.
[479] Vgl. Bliemel et al. (2005), S. 37; Huber et al. (2007), S. 4.
[480] Vgl. Eberl (2004), S. 3.
[481] Vgl. Bliemel et al. (2005), S. 37.
[482] Vgl. Eberl (2004), S. 3 f.
[483] Vgl. Bliemel et al. (2005), S. 38.
[484] In Anlehnung an Edwards/Bagozzi (2000), S. 161.

Handelt es sich um ein formatives Messmodell, so weist die Kausalitätsrichtung dagegen von der Beobachtungsebene zur theoretischen Ebene. Wie oben bereits beschrieben, enthält das Strukturmodell dieser Arbeit keine formativ operationalisierten Konstrukte. Daher wird auf eine genauere Beschreibung solcher Messmodelle verzichtet.

4.3 Datenerhebung

Zur Überprüfung des in *Abbildung 5* dargestellten Hypothesensystems wurde eine empirische Studie durchgeführt. Die hierfür notwendigen Daten wurden mit Hilfe einer schriftlichen Online-Befragung am Lehrstuhl Marketing I von Prof. Dr. Frank Huber an der Johannes Gutenberg-Universität Mainz generiert. Zur Erstellung des Fragebogens wurde die Software Sawtooth SMRT verwendet. Die Auswahl der Probanden fand wie schon beim Pretest in Form des Convenience Sampling statt. Eine kurze Einleitung zu Beginn der Befragung klärte die Befragungsteilnehmer über den wissenschaftlichen Zweck der Studie auf und stellte die Vertraulichkeit der Daten heraus. Zudem wurde betont, dass es weder richtige noch falsche Antworten gibt und lediglich die eigene Meinung der Probanden von Interesse ist. Anschließend wurde den Teilnehmern der Online-Werbespot „Smart Thief Caught on Cam“ der Marke LG gezeigt, der im Pretest als geeignetes Untersuchungsobjekt identifiziert wurde. Daraufhin wurde zunächst die Bekanntheit des Spots abgefragt. Anschließend wurden die Bewertungen der verschiedenen Items der latenten Variablen erhoben. Dies erfolgte unter Verwendung einer siebenstufigen Likert-Skala auf der jeweils die Extrempunkte „Stimme voll zu“ und „Stimme überhaupt nicht zu“ benannt wurden. Die zwischen diesen beiden Extrempunkten liegenden Antwortkategorien blieben unbenannt. An die Frage nach dem Weiterleitungsverhalten in der Vergangenheit schlossen sich am Ende des Fragebogens zudem die Soziodemografika Alter, Geschlecht und sozialer Status an.

Insgesamt wurde der Fragebogen von 284 Befragten vollständig ausgefüllt. Davon waren 138 (48,59 %) männlich und 146 (51,41 %) weiblich. Der Großteil der Probanden stammt aus zwei Altersgruppen: 97 Teilnehmer waren zum Befragungszeitpunkt zwischen 18 und 25 Jahren alt, 159 Befragte stammen aus der Altersgruppe der 26- bis 35-Jährigen, lediglich 22 Probanden gehörten zur Altersgruppe 36 bis 45 und sechs Befragte waren zwischen 46 und 55 Jahre alt. Die Altersgruppen der unter 18-Jährigen, der 56- bis 65-Jährigen und der über 66-Jährigen waren nicht in der Stichprobe vertreten. Unter allen Teilnehmern, die den Fragebogen vollständig ausgefüllt haben, waren 110 Studenten. 162 Befragte waren entweder Vollzeit oder Teilzeit berufstätig und 12 Personen wählten „andere“ als Antwortmöglichkeit. *Tabelle 4* fasst diese Ergebnisse noch einmal zusammen. Darüber hinaus wurden die Probanden nach ihrem Weiterleitungsverhalten in Bezug auf Online-Werbespots in der Vergangenheit gefragt. Genauer gesagt, ob sie schon einmal einen Online-Werbespot weitergeleitet haben und wenn ja, über welches Medium. 191 der Befragten (67,25 %) gaben daraufhin an, schon einmal einen Online-Werbespot weitergeleitet zu haben. Davon nutzten 122 Personen (42,96 %) das Medium E-Mail, 72 (25,35 %) das Medium Instant Messaging, 168 (59,15 %) soziale Online-Netzwerke, 14 (4,93 %) Blogs und 22 (7,75 %) Twitter. Eine Person gab zudem an, Internet-Foren zur Weiterleitung genutzt zu haben.

Im nachfolgenden Kapitel wird beschrieben, mit Hilfe welcher Items die latenten Variablen des Strukturmodells operationalisiert wurden. Auf Basis der Beantwortung dieser Items kann anschließend die Quantifizierung des Strukturmodells erfolgen.

Merkmal	Merkmalsausprägung	Anzahl	
		absolut	relativ
Geschlecht	männlich	138	48,59 %
	weiblich	146	51,41 %
Altersgruppe	18-25	97	34,15 %
	26-35	159	55,96 %
	36-45	22	7,75 %
	46-55	6	2,11 %
Berufsstand	Student	110	38,73 %
	Vollzeit berufstätig	149	52,47 %
	Teilzeit berufstätig	13	4,58 %
	andere	12	4,23 %

Tabelle 4: Häufigkeitsverteilung der soziodemografischen Merkmale

4.4 Operationalisierung der Konstrukte des Messmodells

4.4.1 Charakteristika des Online-Werbespots

Neuartigkeit der Werbung

Zur Operationalisierung der Divergenz der Werbung verwenden *Yang/Smith* eine Skala, die auf *Smith et al.* zurückzuführen ist.[485] Diese Items beziehen sich jedoch mehr auf die Aufbereitung der Information innerhalb des Werbespots, als auf die tatsächliche Neuartigkeit der

[485] Vgl. Yang/Smith (2009), S. 947; Smith et al. (2007), S. 822.

Werbung. Eine weitere Skala zur Messung des Konstrukts Neuartigkeit der Werbung entwickeln *Sheinin/Varky/Ashley*. Die fünf Items der Batterie repräsentieren sowohl die Erwartungshaltung als auch die visuelle Attraktivität des Online-Werbespots und gehen zurück auf eine Untersuchung von *Koslow/Sasser/Riordan*.[486] Daher erscheinen sie im Hinblick auf den Untersuchungsgegenstand für die Operationalisierung des Konstrukts Neuartigkeit der Werbung gut geeignet. Alle Items wurden auf einer siebenstufigen Likert-Skala von „Stimme voll zu“ bis „Stimme überhaupt nicht zu“ gemessen. Bei Verwendung dieser Skala wird das Konstrukt reflektiv operationalisiert. Alle Items bilden also dasselbe Konstrukt ab und sind untereinander austauschbar. Nimmt ein Proband den Online-Werbespot als neuartig war, so wird er auch den Items zustimmen. Die Items der Skala lauten demnach wie folgt:

Items der Skala zur Messung der Neuartigkeit der Werbung
1.1 Der Werbespot ist originell.
1.2 Der Werbespot unterscheidet sich von meinen Erwartungen hinsichtlich eines Werbespots.
1.3 Der Werbespot ist einprägsam.
1.4 Der Werbespot ist visuell ansprechend.
1.5 Der Werbespot ist anders.

Tabelle 5: Indikatoren zur Messung der Neuartigkeit der Werbung

Nützlichkeit der Botschaft

Yang/Smith entwickeln ebenfalls eine Skala zur Operationalisierung der Relevanz der Werbung, die wiederum auf *Smith et al.* zurückzuführen ist.[487] Die beiden Konstrukte Neuartigkeit der Werbung und Nützlichkeit der Botschaft dienen gemeinsam der Messung der Kreativität des Online-Werbespots. Aus Gründen der Konsistenz wird für die vorliegende Studie zur Operationalisierung der Nützlichkeit der Botschaft insofern ebenfalls auf die von *Sheinin/Varky/Ashley* verwendete Skala zurückgegriffen, welche wiederum auf die Studie von *Koslow/Sasser/Riordan* zurückzuführen ist. Diese enthält analog zur Item-Batterie des Konstrukts Neuartigkeit der Botschaft fünf Items, welche das Konstrukt reflektiv operationalisieren. Sie betreffen sowohl die Glaubwürdigkeit der Botschaft als auch die Relevanz der Bot-

[486] Vgl. Koslow/Sasser/Riordan (2003), S. 96 ff.; Sheinin/Varky/Ashley (2011), S. 9.
[487] Vgl. Yang/Smith (2009), S. 947; Smith et al. (2007), S. 823.

schaft in Bezug auf Produktnutzen und Produktimage.[488] Auch hier kommt eine siebenstufige Likert-Skala zur Messung der einzelnen Items zum Einsatz. Die folgenden Items wurden verwendet:

Items der Skala zur Messung der Nützlichkeit der Botschaft
2.1 Der Werbespot ist glaubwürdig.
2.2 Der Werbespot bietet relevante Informationen.
2.3 Der Werbespot vermittelt gut den Produktnutzen.
2.4 Der Werbespot vermittelt gut das Produktimage.
2.5 Der Werbespot bietet praktische Informationen.

Tabelle 6: Indikatoren zur Messung der Nützlichkeit der Botschaft

Unterhaltung

Zur Operationalisierung des Unterhaltungsfaktors steht in der Literatur eine Reihe von Möglichkeiten zur Verfügung. *Okazaki* verwendet zur Messung des Unterhaltungswertes mobiler Empfehlungskampagnen eine Skala bestehend aus drei Items.[489] *Olney/Holbrook/Batra* bedienen sich einer Vier-Item-Skala bestehend aus semantischen Differentialen zur Operationalisierung des Konstrukts „Hedonism“ als Reaktion auf einen Werbestimulus.[490] *Lastovichka* misst das Konstrukt Unterhaltung mittels einer Fünf-Item-Skala unter Verwendung einer Likert-Skala. Sie enthält jedoch zwei inverse Items und wird daher nicht für die vorliegende Studie verwendet.[491] Aufgrund der komplizierten Formulierung der Items wird auch die Sieben-Item-Skala von *Schlinger* nicht zur Operationalisierung des Konstrukts Unterhaltung verwendet.[492] *Brackett/Carr* verwenden eine 3-Item-Skala zur Messung des Unterhaltungswertes.[493] *Ducoffe* nutzt eine Fünf-Item-Skala.[494] Aufgrund der o.g. Faktoren sowie der Anzahl der Items eignet sich die Skala von *Ducoffe* am besten zur Operationalisierung des Konstrukts Unterhaltung in dieser Studie. Auch hier besteht ein reflektiver Zusammenhang zwischen der latenten Variablen und den Items. Genau wie bei den vorherigen Konstrukten werden auch sie mit Hilfe einer Sieben-Punkt-Likert-Skala gemessen. Die Items der Skala lauten:

[488] Vgl. Koslow/Sasser/Riordan (2003), S. 96 ff; Sheinin/Varky/Ashley (2011), S. 9.
[489] Vgl. Okazaki (2008), S. 731.
[490] Vgl. Olney/Holbrook/Batra (1991), S. 446.
[491] Vgl. Lastovicka (1983), S. 17.
[492] Vgl. Schlinger (1979), S. 40.
[493] Vgl. Brackett/Carr (2001), S. 29.
[494] Vgl. Ducoffe (1996), S. 28.

Items der Skala zur Messung der Unterhaltung
3.1 Der Werbespot ist unterhaltsam.
3.2 Der Werbespot ist amüsant.
3.3 Der Werbespot gefällt mir.
3.4 Es macht Spaß, den Werbespot anzusehen.
3.5 Der Werbespot ist aufregend.

Tabelle 7: Indikatoren zur Messung der Unterhaltung

4.4.2 Einstellung gegenüber dem Online-Werbespot

Sheinin/Varky/Ashley messen in ihrer Studie ebenfalls das Konstrukt Einstellung gegenüber der Werbung. Dieses operationalisieren sie mit Hilfe einer Skala bestehend aus drei Items, die auf eine Studie von *Biehal/Stephens/Curlo* zurückgeht.[495] Auch *Okazaki* misst die Einstellung gegenüber der Empfehlungskampagne mittels einer Drei-Item-Skala. Sie erfasst jedoch auch die Nützlichkeit über das Item „benefical“ und wird daher nicht verwendet.[496] *Eckler/Bolls* nutzen zur Messung der Einstellung gegenüber der Werbung ebenfalls eine Drei-Item-Skala, bei der die Items jedoch in Form eines semantischen Differentials gemessen werden.[497] In Anbetracht dessen und aufgrund der Konsistenz wird zur Operationalisierung der Einstellung gegenüber dem Online-Werbespot also auch hier auf die Skala von *Sheinin/Varky/Ashley* zurückgegriffen.[498] Die Items werden wie zuvor über eine siebenstufige Likert-Skala gemessen und stellen das Konstrukt reflektiv dar. Folgende Items bilden die Skala:

Items der Skala zur Messung der Einstellung gegenüber dem Online-Werbespot
4.1 Der Werbespot hat mir Vergnügen bereitet.
4.2 Der Werbespot hat mir gefallen.
4.3 Mein Gesamtgefühl gegenüber dem Werbespot war positiv.

Tabelle 8: Indikatoren zur Messung der Einstellung gegenüber dem Online-Werbespot

[495] Vgl. Biehal/Stephens/Curlo (1992), S. 23; Sheinin/Varky/Ashley (2011), S. 9.
[496] Vgl. Okazaki (2008), S. 731.
[497] Vgl. Eckler/Bolls (2011), S. 6.
[498] Vgl. Sheinin/Varky/Ashley (2011), S. 9.

4.4.3 Motive interpersoneller Kommunikation

Altruismus

Die Operationalisierung des Konstrukts Altruismus erfolgt über die von *Ho/Dempsey* verwendete Skala.[499] Sie wurde von *Price/Feick/Gusky* entwickelt und misst das Motiv mit Hilfe von fünf Items.[500] Um einen einheitlichen Duktus innerhalb des Fragebogens zu gewährleisten, wurden die Items umformuliert. Die ursprüngliche Bewertung der Items auf einer siebenstufigen Skala mit den Ausprägung „very important“ bis hinzu „very unimportant“ wurde so verändert, dass die Beantwortung über die o.g. siebenstufige Likert-Skala erfolgen kann. Auch die Items der Altruismus-Skala operationalisieren das latente Konstrukt reflektiv und setzen sich wie folgt zusammen:

Items der Skala zur Messung des Motivs Altruismus
5.1 Es ist mir wichtig, anderen Menschen zu helfen.
5.2 Es ist mir wichtig, der Menschheit zu dienen.
5.3 Es ist mir wichtig zu teilen, was man hat.
5.4 Es ist mir wichtig, anderen Menschen etwas zu geben.
5.5 Es ist mir wichtig, selbstlos zu sein.

Tabelle 9: Indikatoren zur Messung des Motivs Altruismus

Individualität

Die von *Ho/Dempsey* verwendete Operationalisierung des Motivs Individualität wird auch für die vorliegende Studie genutzt.[501] Entwickelt wurde die Skala von *Maslach/Stapp/Santee* und enthält ursprünglich zwölf reflektive Items. Zur Reduzierung der Länge des Fragebogens wurden jedoch einige Items aus der Skala entfernt. Als Kriterium wurde hierbei die Faktorladung der einzelnen Items herangezogen. Alle Items mit einer Faktorladung unter 0,6 wurden demnach ausgeschlossen, sodass von den ehemals zwölf Items sieben übrig blieben.[502] Diese wurden so umformuliert, dass sie, wie bei den Konstrukten zuvor, mit Hilfe einer siebenstufigen Likert-Skala gemessen werden können.

[499] Vgl. Ho/Dempsey (2011), S. 1003.
[500] Vgl. Price/Feick/Gusky (1995), S. 263.
[501] Vgl. Ho/Dempsey (2011), S. 1002.
[502] Vgl. Maslach/Stapp/Santee (1985), S. 733.

Items der Skala zur Messung des Motivs Individualität
6.1 Ich halte gerne einen Vortrag vor einem großen Publikum.
6.2 Ich bin gerne dazu bereit, eine Gruppe mit mir unbekannten Personen zu leiten.
6.3 Bei einer öffentlichen Rede kritisiere ich die Meinung des Redners, wenn sie mit meiner eigenen Meinung nicht übereinstimmt.
6.4 Wenn ich als Leiter einer Gruppe nominiert werde, dann akzeptiere ich das gerne.
6.5 Ich gebe gerne meine Meinung zu einem Sachverhalt vor Fremden wieder.
6.6 Wenn ich gebeten werde, mich vorzustellen, dann sage ich auch Persönlicheres als meinen Namen und meinen Beruf.
6.7 Ich halte gerne einen informellen Vortrag vor einer kleinen Gruppe mir bekannter Personen.

Tabelle 10: Indikatoren zur Messung des Motivs Individualität

Persönliches Wachstum

Das Motiv persönliches Wachstum wird ebenfalls analog zu *Ho/Dempsey* operationalisiert, die in ihrer Studie auf die „Personal Growth Initiative Scale“ (PGIS) zurückgreifen.[503] Letztere wurde von *Robitschek* entwickelt und besteht eigentlich aus neun Items.[504] Wie bei der Operationalisierung des Motivs Individualität, wird die Anzahl der Items unter Verwendung des Kriteriums Faktorladung entsprechend reduziert. Auch dies dient der Verkürzung des Fragebogens. Nach Aussortierung der Items mit einer Faktorladung geringer als 0,6 bleiben noch fünf Items übrig.[505] *Robitschek* verwendet ursprünglich eine sechsstufige Likert-Skala.[506] Diese wird zum Zwecke der Konsistenz für die vorliegende Studie in eine siebenstufige Likert-Skala erweitert. Auch die Items der PGIS stehen in reflektiven Zusammenhang zur latenten Variablen, da die Zustimmung zu den Items von einer positiven Bewertung des Motivs persönliches Wachstum abhängig ist. Die fünf verwendeten Items der PGIS lauten wie folgt:

[503] Vgl. Ho/Dempsey (2011), S. 1002 f.
[504] Vgl. Robitschek (1998), S. 198.
[505] Vgl. Robitschek (2003), S. 500.
[506] Vgl. Robitschek (2003), S. 497.

Items der Skala zur Messung des Motivs persönliches Wachstum
7.1 Ich habe eine grobe Idee von dem, was ich im Leben erreichen will.
7.2 Wenn ich in meinem Leben etwas ändern will, dann gehe ich es an.
7.3 Ich weiß, was ich tun muss, um meine Ziele zu erreichen.
7.4 Ich nehme mein Leben in die Hand.
7.5 Ich habe einen Plan, um mein Leben ausgeglichener zu gestalten.

Tabelle 11: Indikatoren zur Messung des Motivs persönliches Wachstum

Vergnügen

Um das Motiv Vergnügen zu operationalisieren, wird für die vorliegende Studie die von *Rubin/Perse/Barbato* entwickelte Skala der „Interpersonal Communication Motives“ (ICM) verwendet. Hierbei werden jene sieben Items verwendet, welche nach der Faktoren-Analyse dem Motiv „pleasure“ (Vergnügen) zugeordnet werden.[507] Die Items stehen in reflektivem Zusammenhang zur latenten Variablen und werden über eine siebenstufige Likert-Skala abgefragt. Nach der Übersetzung ins Deutsche lauten die Items wie folgt:

Items der Skala zur Messung des Motivs Vergnügen
8.1 Ich unterhalte mich mit anderen Personen, weil es Spaß macht.
8.2 Ich unterhalte mich mit anderen Personen, weil es aufregend ist.
8.3 Ich unterhalte mich mit anderen Personen, um eine gute Zeit zu haben.
8.4 Ich unterhalte mich mit anderen Personen, weil es spannend ist.
8.5 Ich unterhalte mich mit anderen Personen, weil es anregend ist.
8.6 Ich unterhalte mich mit anderen Personen, weil es mir Freude bereitet.
8.7 Ich unterhalte mich mit anderen Personen, weil ich dadurch gut drauf bin.

Tabelle 12: Indikatoren zur Messung des Motivs Vergnügen

Eskapismus

Zur Operationalisierung des Motivs Eskapismus wird ebenfalls die ICM Skala von *Rubin/Perse/Barbato* herangezogen. In diesem Fall beschränkt sich die Auswahl der Items auf den Faktor Eskapismus.[508] Die vier Items bilden das Konstrukt Eskapismus ebenfalls reflektiv ab, sodass eine Zustimmung in einer positiven Bewertung der Items resultiert. Zu deren Mes-

[507] Vgl. Rubin/Perse/Barbato (1988), S. 616.
[508] Vgl. Rubin/Perse/Barbato (1988), S. 616.

sung wird, entsprechend dem Vorgehen bei der Operationalisierung der vorherigen Konstrukte, eine Sieben-Punkt-Likert-Skala eingesetzt. Folgende Items messen das Motiv Eskapismus:

Items der Skala zur Messung des Motivs Eskapismus
9.1 Ich unterhalte mich mit anderen Personen, um eine andere Tätigkeit zu unterbrechen, der ich eigentlich nachgehen sollte.
9.2 Ich unterhalte mich mit anderen Personen, um von dem wegzukommen, was ich gerade tue.
9.3 Ich unterhalte mich mit anderen Personen, weil ich nichts Besseres zu tun habe.
9.4 Ich unterhalte mich mit anderen Personen, um Druck und Verantwortung zu entgehen.

Tabelle 13: Indikatoren zur Messung des Motivs Eskapismus

4.4.4 Weiterleitungsabsicht für den Online-Werbespot

Die Weiterleitungsabsicht für den Online-Werbespot wird innerhalb dieser Studie mit Hilfe einer Skala von *Okazaki* operationalisiert.[509] Er übernimmt diese Skala wiederum von *Verhoef/Fransen/Hoekstra.* Diese adaptieren die ursprünglich von *Zeithaml/Berry/Parasuraman* stammende Skala zur Messung verschiedener Verhaltensintentionen als Reaktion auf die Servicequalität und verwenden sie für das Empfehlungsverhalten von Kunden.[510] Analog zum Vorgehen *Okazakis* wird diese Skala an den Untersuchungsgegenstand der vorliegenden Studie angepasst und entsprechend umformuliert. Das von *Okazaki* verwendete fünfstufige semantische Differential wird zudem in eine siebenstufige Likert-Skala transformiert.[511] Auch bei dieser Skala handelt es sich um Items, welche das Konstrukt reflektiv abbilden, sodass sie untereinander austauschbar sind. Die drei Items der Skala lauten:

Items der Skala zur Messung der Weiterleitungsabsicht für den Online-Werbespot
10.1 Ich habe die Absicht, den Spot mit Leuten in meinem Umfeld zu teilen.
10.2 Ich würde meinen Freunden und meiner Familie empfehlen, sich den Werbespot ebenfalls anzusehen.
10.3 Wenn mich jemand nach einem guten Werbespot fragt, dann würde ich ihm/ihr diesen Werbespot nennen.

Tabelle 14: Indikatoren zur Messung der Weiterleitungsabsicht für den Online-Werbespot

[509] Vgl. Okazaki (2008), S. 731.
[510] Vgl. Zeithaml/Berry/Parasuraman (1996), S. 37; Verhoef/Fransen/Hoekstra (2002), S. 209.
[511] Vgl. Okazaki (2008), S. 722.

4.5 Ergebnisse der empirischen Untersuchung

4.5.1 Darstellung der Ergebnisse auf Messmodellebene

Zur Beurteilung der Güte einer empirischen Studie mit Hilfe des PLS-Verfahrens erfolgt dessen Überprüfung sowohl auf Ebene des Messmodells als auch auf Ebene des Strukturmodells.[512] Das Messmodell repräsentiert dabei, wie bereits beschrieben, die Beziehungen zwischen den latenten Variablen, also den Konstrukten, und deren manifesten Indikatoren.[513]

Da sämtliche Konstrukte innerhalb des Messmodells reflektiv operationalisiert werden, interessiert zunächst die Höhe der Faktorladungen der einzelnen Indikatoren auf das jeweilige Konstrukt sowie deren Signifikanz. Grundlegend gilt, dass mindestens 50% der Varianz eines Indikators auf die latente Variable zurückzuführen sein sollten. Daraus ergibt sich ein Mindestwert von 0,7 (besser 0,8) als Akzeptanzkriterium für die Faktorladung eines Indikators. Zur Bestimmung der Signifikanz der einzelnen Indikatoren werden die t-Werte betrachtet, welche bei einem einseitigen Test auf 5%-Niveau signifikant sein sollten. Das heißt, sie sollten einen Wert von 1,66 übersteigen.[514] Die Indikatoren zwei und fünf des Konstrukts *Neuartigkeit der Werbung*, der Indikator eins des Konstrukts *Nützlichkeit der Botschaft*, die Indikatoren eins bis fünf des Konstrukts *Individualität* und der Indikator fünf des Konstrukts *persönliches Wachstum* erfüllen diese Kriterien nicht und werden daher nachträglich aus dem Modell entfernt. *Anhang 3* fasst die Ladungen aller beibehaltenen Indikatoren zusammen.

Abgesehen von den t-Werten sind für reflektiv operationalisierte Konstrukte die Konvergenzkriterien zu überprüfen. Letztere bestehen aus der durchschnittlich erfassten Varianz (Average Variance Extracted (AVE)) sowie der Konstruktreliabilität. Die AVE misst, wie hoch der durch einen Faktor erklärte Varianzanteil manifester Variablen im Vergleich zum nicht erklärten Varianzanteil ist. Der Wertebereich der AVE liegt zwischen 0 und 1; es sollte jedoch mindestens ein Wert von 0,6 erreicht werden.[515] Die Konstruktreliabilität, auch Faktorreliabilität genannt, „ist ein Maß für die Beurteilung der Eignung eines Faktors zur Erklärung des zu ihm in Beziehung stehenden Blocks reflektiver Indikatorvariablen“.[516] Auch hier kann der Wert zwischen 0 und 1 liegen, wobei er zur Erfüllung der Konvergenzvalidität mindestens 0,7

[512] Vgl. Huber et al. (2007), S. 34 f.
[513] Vgl. Huber et al. (2005), S. 8.
[514] Vgl. Huber et al. (2007), S. 45.
[515] Vgl. Huber et al. (2005), S. 30.
[516] Huber et al. (2005), S. 31.

erreichen sollte.[517] Wie in *Tabelle 15* zu erkennen ist, werden sowohl die Konstruktreliabilität als auch das Kriterium der AVE für alle Konstrukte erfüllt.

Mit Hilfe der AVE kann darüber hinaus die Diskriminanzvalidität bestimmt werden. Letztere liegt dann vor, wenn die AVE einer latenten Variablen größer ist als jede quadrierte Korrelation dieser Variablen mit einer anderen latenten Variablen des Untersuchungsmodells. In anderen Worten: Die gemeinsame Varianz zwischen der latenten Variable und ihren Indikatoren sollte größer sein als die gemeinsame Varianz der latenten Variablen mit anderen latenten Variablen. Dieser Sachverhalt wird auch als *Fornell-Larcker-Kriterium* bezeichnet.[518] Außerdem sollten zur Bestimmung der Diskriminanzvalidität die Kreuzladungen in Augenschein genommen werden. Hierbei sollten die Ladungen der einzelnen Indikatoren auf das ihnen zugeordnete Konstrukt möglichst große Differenzen zu ihren Kreuzladungen auf andere Konstrukte aufweisen. Wie *Tabelle 15* zeigt, ist das Kriterium der Diskriminanzvalidität für alle latenten Variablen des Modells erfüllt. Jedoch ist anzumerken, dass der Unterschied zwischen der AVE des Konstrukts *Einstellung gegenüber dem Online-Werbespot* und dessen quadrierter Korrelation mit dem Konstrukt *Unterhaltung* relativ gering ist. Auch die Differenzen der Ladungen und Kreuzladungen sind für diese Konstruktkonstellation gering (s. *Anhang 3*).

Konstrukt	AVE	Konstrukt-reliabilität	Diskrimi-nanzvalidität	Stone-Geisser Q^2
Neuartigkeit d. W.	0,704	0,877	erfüllt	0,400
Nützlichkeit d. B.	0,701	0,904	erfüllt	0,493
Unterhaltung	0,821	0,958	erfüllt	0,723
Einstellung ggü. d. W.	0,937	0,978	erfüllt	0,810
Altruismus	0,682	0,915	erfüllt	0,515
Individualität	0,713	0,831	erfüllt	0,181
Pers. Wachstum	0,664	0,887	erfüllt	0,360
Vergnügen	0,685	0,938	erfüllt	0,575
Eskapismus	0,732	0,916	erfüllt	0,557
Weiterleitungsabsicht	0,862	0,942	erfüllt	0,673

Tabelle 15: Übersicht der Gütekriterien auf Messmodellebene

[517] Vgl. Huber et al. (2005), S. 31.
[518] Vgl. Fornell/Larcker (1981), S. 39ff.

Abschließend ist auf Messmodellebene die Vorhersagevalidität mit Hilfe von Stone-Geissers Q^2 zu überprüfen. Unter Verwendung dieses Kriteriums kann eine Aussage darüber getroffen werden, wie gut eine Rekonstruktion der latenten Variablen durch ihre Indikatoren möglich ist. Dazu vergleicht es „die Höhe der Residuen der Modellschätzung für die Indikatorvariablen mit der Höhe der Residuen einer trivialen Vorhersage auf Basis der Mittelwerte der Indikatoren eines Konstrukts“.[519] Über die sog. Blindfolding-Methode wird ein Teil der Rohdatenmatrix systematisch als fehlend angenommen, der im zweiten Schritt dann mittels der Parameterschätzung bestimmt wird. Bei einem Wert von $Q^2 > 0$ liegt Vorhersagerelevanz vor, bei Werten kleiner 0 ist dies nicht der Fall.[520] Wie *Tabelle 15* zeigt, ist das Kriterium der Vorhersagerelevanz für sämtliche Konstrukte gegeben.

4.5.2 Darstellung der Ergebnisse auf Strukturmodellebene

Um nun auch eine Aussage über die nomologische Validität des in *Kapitel 3* aufgestellten Modells treffen zu können, müssen die hypothetischen Beziehungen zwischen den Konstrukten quantifiziert werden. Die dazu herangezogenen Strukturparameter demonstrieren die Einflussstärke eines Konstrukts auf ein kausal nachgelagertes. Auf dieser Ebene wird nun also das Modell als Ganzes betrachtet.[521] *Abbildung 7* enthält zu diesem Zweck eine grafische Darstellung des Modells und seiner Hypothesen mit den dazugehörigen Pfadkoeffizienten.

Die jeweiligen t-Werte sind in Klammern abgebildet. Die R^2-Werte für die erklärte Varianz der endogenen Konstrukte können der Abbildung ebenfalls entnommen werden. Die t-Werte geben Aufschluss darüber, ob eine zuvor aufgestellte Hypothese der Realität entspricht oder verworfen werden muss. Da es sich hier um einen zweiseitigen Test handelt, muss der t-Wert größer als 1,98 sein, um ein Signifikanzniveau von 5% zu erfüllen. Für ein Signifikanzniveau von 10% ist ein Wert von 1,66 zu erreichen. *Tabelle 16* stellt dar, welche Hypothesen auf Basis ihrer t-Werte angenommen bzw. abgelehnt werden. Die Ergebnisse zu Hypothese 3 werden in Kapitel 4.5.4 gesondert beschrieben.

---

[519] Huber et al. (2005), S. 33.
[520] Vgl. Huber et al. (2007), S. 45.
[521] Vgl. Huber et al. (2007), S. 42.

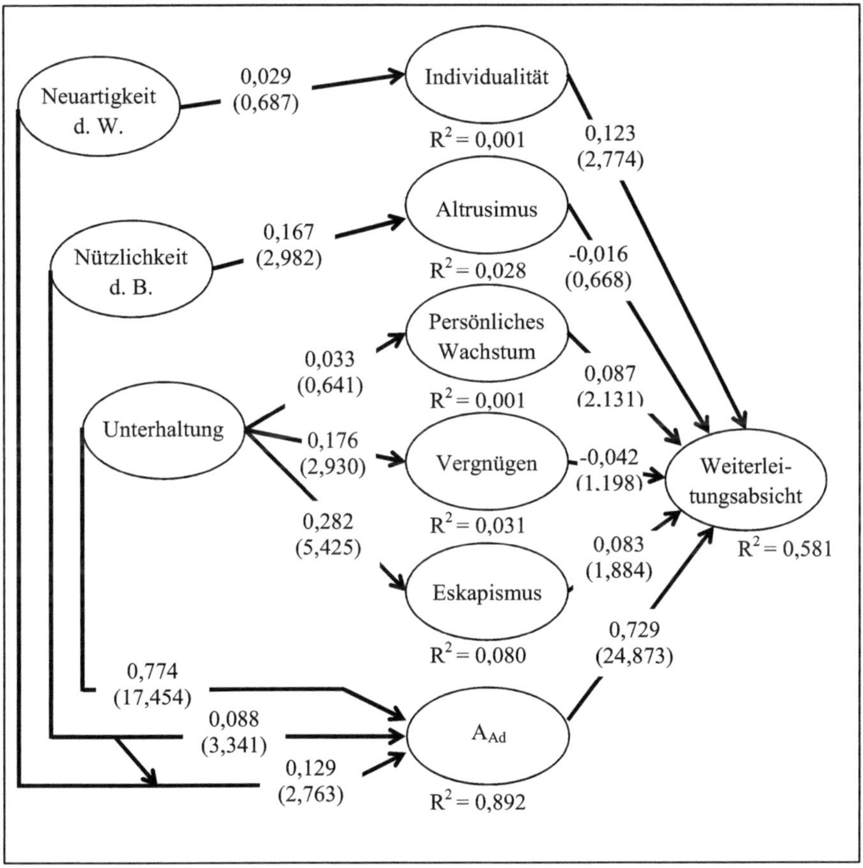

Abbildung 7: Ergebnisse auf Strukturmodellebene

Ein weiteres Kriterium, welches es auf Strukturmodellebene zu überprüfen gilt, ist das Bestimmtheitsmaß R^2. Das Bestimmtheitsmaß, auch erklärte Varianz genannt, gibt den Anteil der Varianz eines Konstrukts an, der durch die vorgelagerten Konstrukte erklärt werden kann.[522] Insofern kann es nur für endogene Konstrukte innerhalb des Modells berechnet werden. Der Wertebereich dieses Kriteriums liegt zwischen 0 und 1. Für eine ausreichende Erklärungsgüte sollte mindestens ein Wert von 0,3 erreicht werden.[523]

[522] Vgl. Huber et al. (2005), S. 36.
[523] Vgl. Huber et al. (2007), S. 45.

Hypothese	von	nach	t-Wert	Ergebnis
H1	Neuartigkeit d. W.	A_{Ad}	2,763	Annehmen
H2	Nützlichkeit d. B.	A_{Ad}	3,341	Annehmen
H4	Unterhaltung	A_{Ad}	17,454	Annehmen
H5	A_{Ad}	Weiterleitungsabsicht	24, 873	Annehmen
H6	Neuartigkeit d. W.	Individualität	0,687	Ablehnen
H7	Nützlichkeit d. B.	Altruismus	2,982	Annehmen
H8	Unterhaltung	Persönliches Wachstum	0,614	Ablehnen
H9	Unterhaltung	Vergnügen	2,930	Annehmen
H10	Unterhaltung	Eskapismus	5,425	Annehmen
H11	Individualität	Weiterleitungsabsicht	2,774	Annehmen
H12	Altruismus	Weiterleitungsabsicht	0,668	Ablehnen
H13	Persönliches Wachstum	Weiterleitungsabsicht	2,131	Annehmen
H14	Vergnügen	Weiterleitungsabsicht	1,198	Ablehnen
H15	Eskapismus	Weiterleitungsabsicht	1,884	Annehmen

Tabelle 16: Prüfung der Hypothesen anhand der t-Werte

Darüber hinaus erfolgt analog zur Vorgehensweise auf Messmodellebene auch hier die Berechnung des Stone-Geisser Q^2 für alle endogenen Konstrukte. Vorhersagevalidität liegt auch hier vor, wenn der Wert größer 0 ist.[524] *Tabelle 17* zeigt die R^2- und Q^2-Werte der endogenen Konstrukte des Modells. Bezüglich des Bestimmtheitsmaßes ist darin zu erkennen, dass lediglich die Konstrukte *Einstellung gegenüber dem Online-Werbespot* und *Weiterleitungsabsicht* ein ausreichend hohen R^2-Wert erreichen. Zudem erfüllen die Konstrukte *Individualität* und *persönliches Wachstum* nicht das Mindestmaß von $Q^2 > 0$.

Konstrukt	Bestimmtheitsmaß R^2	Stone-Geisser Q^2
Einstellung ggü. d. W.	0,892	0,813
Altruismus	0,028	0,015
Individualität	0,001	-0,003
Persönliches Wachstum	0,001	-0,001
Vergnügen	0,031	0,019
Eskapismus	0,080	0,049
Weiterleitungsabsicht	0,581	0,460

Tabelle 17: Bestimmtheitsmaß und Stone-Geisser Q2 für alle endogenen Konstrukte

[524] Vgl. Huber et al. (2005), S. 36.

Des Weiteren ist das Strukturmodell noch auf Multikollinearität zu testen. Dazu wird der sog. Variance Inflation Factor (VIF) für alle endogenen Konstrukte mit mehr als einem vorgelagerten Konstrukt berechnet. Dieser sollte einen Wert < 5 aufweisen, um Multikollinearität ausschließen zu können.[525] Wie *Tabelle 18* zeigt, ist dieses Kriterium für alle Konstrukte innerhalb des Modells gegeben.

Einstellung ggü. d. O.-W.	Korrigiertes R^2	VIF
Neuartigkeit d. W.	0,698	3,311
Nützlichkeit d. B.	0,460	1,852
Unterhaltung	0,712	3,472
Weiterleitungsabsicht	**Korrigiertes R^2**	**VIF**
Einstellung ggü. d. O.-W.	0,098	1,109
Altruismus	0,186	1,229
Individualität	0,101	1,112
Persönliches Wachstum	0,166	1,200
Vergnügen	0,104	1,116
Eskapismus	0,227	1,294

Tabelle 18: Korrigiertes R2 und VIF der relevanten endogenen Konstrukte

4.5.3 Überprüfung der Moderatoreffekte

In diesem Abschnitt sollen nun die in *Kapitel 3* aufgestellten Hypothesen 16 und 17, welche einen moderierenden Einfluss der Variablen *Geschlecht* bzw. *sozialer Status* postulieren, mit Hilfe eines Modellvergleichs überprüft werden.[526] Zu diesem Zweck eignet sich der Modellvergleich nach Chin.[527] Da es sich in beiden Fällen um eine kategoriale Gruppenvariable handelt, kann für den Test beider Hypothesen ein multipler Gruppenvergleich durchgeführt werden.[528] Hierzu ist zu untersuchen, ob sich das Antwortverhalten der jeweiligen beiden Gruppen signifikant unterscheidet. Zur Überprüfung solcher Unterschiede müssen die t-Werte der Pfadkoeffizienten in Augenschein genommen werden. Um ein Signifikanzniveau von 5% zu erreichen, ist ein t-Wert von mindestens 1,98 notwendig; für ein Signifikanzniveau von 10% ein t-Wert von 1,66. Sind die Pfade in beiden Gruppen insignifikant, so ist die Hypothese bezüglich des Moderatoreffekts abzulehnen. Ist der Pfad in einer Gruppe signifikant und in der anderen nicht, liegt ein signifikanter Unterschied vor, sodass die Moderator-Hypothese anzu-

[525] Vgl. Hair/Ringle/Sarstedt (2011), S. 145.
[526] Vgl. Huber et al. (2005), S. 38.
[527] Vgl. Huber et al. (2007), S. 50 f.
[528] Vgl. Huber et al. (2007), S. 49.

nehmen ist. Sind die Pfade in beiden Sub-Samples signifikant, so ist der Chin-Test durchzuführen, der dann eine Aussage über einen signifikanten Unterschied zwischen den beiden Gruppen bezüglich der betrachteten Moderator-Hypothese zulässt.

Zunächst werden die Ergebnisse für Hypothese 16 über den moderierenden Einfluss des *Geschlechts* dargestellt. Nach der Trennung der Gesamtstichprobe in die beiden Geschlechter ergab sich eine Fallzahl von n=146 für Frauen und ein Fallzahl von n=138 für Männer. Für die Hypothesen 6 und 14 kann die Hypothese eines moderierenden Einflusses des Geschlechts direkt verworfen werden, da die Pfadkoeffizienten beider Gruppen insignifikant sind (s. *Tabelle 19*).

Hypothese	t-Wert Frauen	t-Wert Männer	Pfadkoeffizient Frauen	Pfadkoeffizient Männer
H1	2,141	2,163	0,131	0,129
H2	2,270	2,253	0,080	0,075
H4	12,421	13,544	0,777	0,787
H5	15,426	16,388	0,706	0,757
H6	0,650	1,512	-0,039	0,126
H7	3,579	2,402	0,228	0,167
H8	1,899	1,358	0,149	-0,083
H9	2,257	2,315	0,164	0,199
H10	3,752	4,673	0,237	0,334
H11	2,530	0,701	0,146	0,039
H12	0,925	1,724	0,046	-0,087
H13	1,978	1,333	0,110	0,091
H14	1,096	0,272	-0,072	-0,012
H15	1,177	1,853	0,061	0,126

Tabelle 19: t-Werte und Pfadkoeffizienten der Hypothesen getrennt nach Geschlecht

Für die Hypothesen 8, 11, 12, 13 und 15 liegt ein qualitativer Unterschied vor, sodass die Hypothese eines moderierenden Einflusses des Geschlechts für sie angenommen werden kann. Der Einfluss der Unterhaltung auf das Motiv persönliches Wachstum (H8) ist bei Frauen auf 10%-Niveau signifikant und bei Männern insignifikant. Des Weiteren ist der Einfluss des Motivs Individualität auf die Weiterleitungsabsicht (H11) bei Frauen signifikant (5%-Niveau), bei Männern jedoch insignifikant. Der Einfluss des Motivs Altruismus auf die Weiterleitungsabsicht (H12) ist bei Männern auf 10%-Niveau signifikant, jedoch entgegen der Erwartung negativ (Pfadkoeffizient: -0,087); bei Frauen ist er insignifikant. Anders gestaltet sich der Unterschied beim Einfluss des Motivs persönliches Wachstum auf die Weiterleitungsabsicht (H13), der für Frauen auf 5%-Niveau signifikant und für Männer insignifikant ist. Im Gegensatz dazu ist der Einfluss des Motivs Eskapismus auf die Weiterleitungsabsicht (H15) für Männer signifikant (10%-Niveau) und für Frauen insignifikant. Bei den Hypothesen 1, 2, 4, 5, 7, 9 und 10 wurde ein t-Test nach Chin durchgeführt.[529] Wie *Tabelle 20* zeigt, liegen die Beträge sämtlicher t-Werte (zweiseitiger Test) unter dem geforderten Wert von 1,648 (kritischer t-Wert bei 500 Freiheitsgraden),[530] sodass keine signifikanten Unterschiede zwischen den Gruppen vorliegen.

Hypothese	H1	H2	H4	H5	H7	H9	H10
Betrag der t-Werte nach Chin	0,017	0,103	0,112	0,782	0,650	0,309	1,026

Tabelle 20: Betrag des t-Wertes zur Überprüfung des Vergleichs nach Geschlecht

Darüber hinaus wurden auch das Bestimmtheitsmaß und Stone-Geissers Q^2 für die einzelnen Gruppen überprüft. Wie schon bei der Überprüfung des Strukturmodells, sollten die R^2-Werte für die einzelnen endogenen Konstrukte einen Wert von 0,3 überschreiten. Die Q^2-Werte sollten den kritischen Wert von 0 überschreiten. Wie auf Strukturmodellebene erreichen bei Männern und auch bei Frauen nur die Konstrukte Einstellung gegenüber dem Online-Werbespot und Weiterleitungsabsicht einen R^2-Wert von über 0,3. In Bezug auf die Vorhersagevalidität erfüllt das Konstrukt Individualität bei Männern und Frauen nicht den geforderten Q^2-Wert von über 0. Für alle anderen ist dieses Kriterium, wenn z.T. auch nur knapp, erfüllt. *Tabelle 21* fasst die Ergebnisse der Vorhersagevalidität und der erklärten Varianz noch einmal zusammen.

Hypothese 17 postuliert einen Moderatoreffekt des *sozialen Status* auf das Antwortverhalten. Hierzu wurde die Gesamtstichprobe in Studierende und Berufstätige aufgeteilt. Die Gruppe der Studenten umfasst dabei 110 Datensätze, die der Berufstätigen (Vollzeit- & Teilzeit-

[529] Vgl. Huber et al. (2007), S. 50 f.
[530] Vgl. Backhaus et al. (2006), S. 808.

Berufstätige) enthält 162 Datensätzen. Die Datensätze der zwölf Probanden, welche die Antwortkategorie „andere“ wählten, wurden nicht in die Auswertung einbezogen.

Konstrukt	Frauen: R^2	Frauen: Q^2	Männer: R^2	Männer: Q^2
Einstellung ggü. d. W.	0,893	0,812	0,898	0,814
Altruismus	0,052	0,027	0,028	0,009
Individualität	0,002	-0,006	0,016	-0,004
Persönliches Wachstum	0,022	0,005	0,007	0,002
Vergnügen	0,027	0,009	0,039	0,011
Eskapismus	0,056	0,028	0,112	0,073
Weiterleitungsabsicht	0,576	0,453	0,600	0,472

Tabelle 21: Erklärte Varianz und Stone-Geisser Q2 getrennt nach Geschlecht

Der moderierende Einfluss des sozialen Status als zweiter Moderator kann für Hypothese 6 und 12 direkt verworfen werden, da die Pfadkoeffizienten in beiden Gruppen insignifikant sind. Hingegen weisen die Hypothesen 7, 10, 13, 14 und 15 einen solchen moderierenden Einfluss auf. Der Einfluss der Nützlichkeit der Botschaft auf das Motiv Altruismus (H7) ist für die Gruppe der Studenten signifikant (5%-Niveau), für Berufstätige jedoch insignifikant. Im Gegensatz dazu zeigt sich der Einfluss der Unterhaltung auf das Motiv Eskapismus (H10) für Studenten als insignifikant, für Berufstätige jedoch als signifikant (5%-Niveau). Das Motiv persönliches Wachstum hat bei den Studenten wiederum einen signifikanten Einfluss (10%-Niveau) auf die Weiterleitungsabsicht (H13), während dieser für die Gruppe der Berufstätigen insignifikant ist. Das Gleiche gilt für Hypothese 14, welche den positiven Einfluss des Motivs Vergnügen auf die Weiterleitungsabsicht postuliert. Jedoch ist der Einfluss bei Studenten wider Erwarten negativ. Hypothese 15 beschreibt einen positiven Einfluss des Motivs Eskapismus auf die Weiterleitungsabsicht, welcher für Studenten auf 5%-Niveau signifikant und für Berufstätige insignifikant ist. Einen Sonderfall stellt Hypothese 8 dar, der Einfluss der Unterhaltung auf das Motiv persönliches Wachstum. Sowohl für Studenten (5%-Niveau) als auch für Berufstätige (10%-Niveau) ist der Pfadkoeffizient signifikant. Während der Einfluss für Studenten wie in der Hypothese erwartet positiver Natur ist, erweist er sich für die Gruppe der Berufstätigen als negativ. Insofern ist auch hier ein moderierender Einfluss des sozialen Status gegeben. *Tabelle 22* fasst diese Ergebnisse noch einmal zusammen.

Hypothese	t-Wert Studenten	t-Wert Berufstätige	Pfadkoeffizient Studenten	Pfadkoeffizient Berufstätige
H1	2,454	1,752	0,194	0,093
H2	2,447	2,262	0,131	0,064
H4	7,546	15,471	0,671	0,828
H5	11,173	20,457	0,667	0,769
H6	1,259	0,770	0,092	-0,045
H7	3,396	1,123	0,235	0,075
H8	2,612	1,824	0,229	-0,127
H9	3,744	2,259	0,304	0,143
H10	1,524	5,008	0,135	0,344
H11	2,064	1,959	0,158	0,113
H12	0,427	0,038	0,028	-0,001
H13	1,866	1,275	0,131	0,047
H14	1,913	0,590	-0,198	0,024
H15	2,256	0,403	0,189	0,014

Tabelle 22: t-Werte und Pfadkoeffizienten der Hypothesen getrennt nach sozialem Status

Auch hier wurde wieder für die übrigen Hypothesen 1, 2, 4, 5, 9 und 11 ein Chin-Test durchgeführt. Abgesehen von Hypothese 2 und 4 liegen die Beträge sämtlicher t-Werte (zweiseitiger Test) unter dem Wert von 1,648. Dies bedeutet, dass für Hypothese 2 und 4 ein signifkanter Unterschied der Pfadkoeffizienten zwischen den beiden Gruppen vorliegt (10%-Niveau). Der Einfluss der Nützlichkeit der Botschaft ist für Studenten mit einem Pfadkoeffizienten von 0,131 signifikant höher als für Berufstätige (Pfadkoeffizient: 0,064). Im Gegensatz dazu ist der Einfluss der Unterhaltung auf die Einstellung gegenüber dem Online-Werbespot mit einem Pfadkoeffizienten von 0,828 für Berufstätige höher als für Studenten (Pfadkoeffizient: 0,671). Für die anderen getesteten Hypothesen liegt kein signifikanter Unterschied vor. *Tabelle 23* fasst diese Ergebnisse zusammen.

Hypothese	H1	H2	H4	H5	H9	H11
Betrag der t-Werte nach Chin	1,113	1,827	1,648	1,498	1,587	0,477

Tabelle 23: Betrag des t-Wertes zur Überprüfung des Vergleichs nach sozialem Status

Analog zum Gruppenvergleich zwischen Männern und Frauen wurden auch hier wieder die erklärte Varianz und das Stone-Geisser Q^2 bestimmt. Wie zuvor, weisen lediglich die Konstrukte Einstellung ggü. der Werbung wie auch die Weiterleitungsabsicht ein R^2 von über 0,3 auf. Der Q^2-Wert liegt bei Studenten für die Konstrukte Eskapismus und Individualität unter dem geforderten Wert von 0, bei Berufstätigen für das Konstrukt Individualität. Alle anderen Konstrukte erfüllen die Anforderung hinsichtlich des Q^2-Wertes, manche jedoch nur knapp. *Tabelle 24* gibt in diesem Zusammenhang einen Überblick über sämtliche Ergebnisse.

Konstrukt	Studenten: R^2	Studenten: Q^2	Berufstätige: R^2	Berufstätige: Q^2
Einstellung ggü. d. W.	0,839	0,718	0,906	0,039
Altruismus	0,055	0,026	0,006	0,001
Individualität	0,008	-0,009	0,002	-0,007
Persönliches Wachstum	0,052	0,030	0,016	0,001
Vergnügen	0,092	0,053	0,020	0,008
Eskapismus	0,018	-0,001	0,118	0,073
Weiterleitungsabsicht	0,521	0,397	0,606	0,478

Tabelle 24: Erklärte Varianz und Stone-Geisser Q2 getrennt nach sozialem Status

4.5.4 Überprüfung des Interaktionseffekts

Im Folgenden soll der in Hypothese 3 hergeleitete Interaktionseffekt zwischen den Variablen Neuartigkeit der Werbung und Nützlichkeit der Botschaft auf das Konstrukt Einstellung gegenüber dem Online-Werbespot überprüft werden. Hierzu wurde in Smart PLS eine sogenannte Interaktionsvariable erzeugt, der sämtliche Produkte der standardisierten Indikatoren der Prediktorvariable (Neuartigkeit der Werbung) und der Moderatorvariable (Nützlichkeit der Botschaft) als Indikatoren zugewiesen werden.[531] Die Standardisierung dient dabei der besseren Vergleichbarkeit der Koeffizienten und wirkt gleichzeitig dem Multikollinearitätsproblem entgegen.[532] Nach der Berechnung des Strukturmodells gibt der Pfadkoeffizient der Interaktionsvariablen an, wie sich der Einfluss der Prediktorvariable auf die Zielvariable (Einstellung gegenüber dem Online-Werbespot) verändert, wenn sich die Moderatorvariable ver-

[531] Vgl. Chin/Marcolin/Newsted (1996), S. 26.
[532] Vgl. Eggert/Fassot/Helm (2005), S. 108.

ändert.[533] Zuvor ist jedoch zu überprüfen, ob die Faktorladungen sämtlicher Indikatoren der Interaktionsvariablen signifikant sind. *Tabelle 25* stellt hierzu einen Überblick über die Faktorladungen sowie deren t-Werte dar und zeigt, dass dieses Kriterium für alle Indikatoren erfüllt ist. Die Indikatoren der Neuartigkeit der Werbung (Ad Novelty) werden darin mit an_i, die Indikatoren der Nützlichkeit der Botschaft (Message Usefuless) mit mu_j gekennzeichnet.

Indikator	Faktorladung	t-Wert	Signifikanz
an_1 * mu_2	0,813	21,662	gegeben
an_1 * mu_3	0,778	18,715	gegeben
an_1 * mu_4	0,799	23,459	gegeben
an_1 * mu_5	0,771	19,276	gegeben
an_3 * mu_2	0,821	19,915	gegeben
an_3 * mu_3	0,791	16,812	gegeben
an_3 * mu_4	0,806	18,162	gegeben
an_3 * mu_5	0,759	14,426	gegeben
an_4 * mu_2	0,707	19,993	gegeben
an_4 * mu_3	0,688	18,214	gegeben
an_4 * mu_4	0,715	21,245	gegeben
an_4 * mu_5	0,624	16,755	gegeben

Tabelle 25: Faktorladungen und t-Werte der Indikatoren der Interaktionsvariablen

Anschließend ist zu überprüfen, ob der Pfadkoeffizient der Interaktionsvariablen signifikant von 0 verschieden ist. Mit einem t-Wert von 2,041 wird dieses Kriterium für den Pfadkoeffizienten von 0,077 ebenfalls erfüllt, weshalb nachweislich von einem moderierenden Einfluss gesprochen werden kann.[534] Weiterhin ist zu erwähnen, dass auch die direkten Einflüsse der Variablen Neuartigkeit der Werbung (t-Wert: 11,847) und der Nützlichkeit der Botschaft (t-Wert: 6,300) auf die Einstellung gegenüber dem Online-Werbespot signifikant sind. *Chin/Marcolin/Newsted* empfehlen zudem eine Überprüfung der Stärke des Einflusses der Moderatorvariablen anhand der Effektstärke f^2, welche mit Hilfe des Bestimmtheitsmaßes R^2 des Zielkonstrukts ermittelt werden kann. Die folgende Formel erläutert die Berechnung der Effektstärke.

[533] Vgl. Eggert/Fassot/Helm (2005), S. 109.
[534] Vgl. Schloderer/Ringle/Sarstedt (2009), S. 605.

$$f^2 = \frac{R^2_{mit\ Interaktionsvariable} - R^2_{ohne\ Interaktionsvariable}}{1 - R^2_{mit\ Interaktionsvariable}}$$

Hierbei gilt ein Effekt von $f^2 > 0{,}02$ als schwacher, ein Effekt von $f^2 > 0{,}15$ als mittlerer und ein Effekt von $f^2 > 0{,}35$ als starker Einfluss.[535] Für den in dieser Arbeit vorliegenden Effekt ergibt sich nach o.g. Formel ein Wert von $f^2 = 0{,}014$. Dies entspricht also einem sehr schwachen Einfluss. In diesem Zusammenhang weisen *Chin/Marcolin/Newsted* jedoch darauf hin, dass auch kleine f^2-Werte von Bedeutung sein können: „A small f^2 does not necessarily imply an unimportant effect. Even a small interaction effect can be meaningful under extreme moderating conditions“.[536] Nach der in diesem Kapitel erfolgten formalen Beurteilung der Daten werden die Ergebnisse im anschließenden Kapitel interpretiert und die Zusammenhänge in der Realität beurteilt.

4.6 Interpretation und Diskussion der Ergebnisse

4.6.1 Interpretation der allgemeinen Ergebnisse sowie der Messmodellebene

Zunächst soll an dieser Stelle festgehalten werden, dass virale Werbung, also das Weiterleiten von Online-Werbespots, bereits eine weit verbreitete Form der interpersonellen Onlinekommunikation darstellt. Mehr als zwei Drittel der Befragten dieser Studie gaben an, bereits in der Vergangenheit einen Werbespot weitergeleitet zu haben. Insofern stellt der Untersuchungsgegenstand kein Novum für die meisten Befragten dar – eine Feststellung, die auch *Perescu/Korgaonkar* machen: „Consumers seem increasingly comfortable with online viral advertising campaigns“.[537] Auffällig bei der Untersuchung des Verhaltens in der Vergangenheit war auch, dass über die Hälfte der Befragten (59,15 %) dafür soziale Online-Netzwerke verwenden. Dies kennzeichnet noch einmal die hohe Bedeutung sozialer Online-Netzwerke und deren enge Beziehung zu viraler Werbung.[538]

Nach der Darstellung der allgemeinen Bekanntheit des Untersuchungsgegenstandes erfolgt nun die Interpretation der Ergebnisse auf Messmodellebene. Mit Ausnahme der Konstrukte *Neuartigkeit der Werbung*, *Nützlichkeit der Botschaft*, *Individualität* und *persönliches Wachstum* mussten bei den übrigen Konstrukten keine Indikatoren aus dem Messmodell entfernt

[535] Vgl. Henseler/Fassot (2010), S. 732.
[536] Chin/Marcolin/Newsted (2003), S. 211.
[537] Petrescu/Korgaonkar (2011), S. 209.
[538] Vgl. Petrescu/Korgaonkar (2011), S. 213.

werden, was auf eine gute Operationalisierung schließen lässt. Zur Operationalisierung der Neuartigkeit der Werbung wurden die Indikatoren 2 und 5 nachträglich entfernt. Diese lauten: „Der Werbespot unterscheidet sich von meinen Erwartungen hinsichtlich eines Werbespots“ und „Der Werbespot ist anders“. Hierbei handelt es sich um eine sehr vage Formulierung der Items, was die Gefahr bietet, dass die Probanden die Items sehr unterschiedlich beantworten und sie deshalb eliminiert werden müssen.[539] Bei dem Konstrukt Nützlichkeit der Botschaft musste der Indikator „Der Werbespot ist glaubwürdig“ nachträglich eliminiert werden. Hierbei können zwei Gründe eine Rolle spielen. Zum einen kann die starke Abweichung der Beantwortung dieses Items von der Beantwortung der anderen Items an der sehr speziellen Exekution des Spots liegen. Der Spot suggeriert, dass die Hauptperson einen sehr dünnen LG-Fernseher durch geschicktes, in einem bestimmten Winkel vollzogenes Abpassen der Überwachungskameras stehlen kann, ohne dass dies auf den Überwachungsvideos auffällt. Ein solches Verhalten ist in der Realität wohl eher als unglaubwürdig einzustufen. Zum anderen kann die in der Gesellschaft allgemein vorherrschende Haltung gegenüber Werbung ein Grund für die Elimination des Items sein. In der heutigen Zeit stellen viele Konsumenten die Glaubwürdigkeit der Werbung in Frage.[540] Obwohl der hier verwendete Online-Werbespot in neutralem Umfeld wahrscheinlich nicht sofort als Werbespot wahrgenommen wird, ist aufgrund der Einbettung in der Studie von einer sofortigen Identifizierung als solcher auszugehen. In Verbindung mit dem Glaubwürdigkeitsmangel ist die Elimination des Items also durchaus plausibel. Für die Operationalisierung des Konstrukts *Individualität* wurden ex post die Items 1-5 aus der Berechnung entfernt. Hierbei besteht die Möglichkeit, dass, aufgrund der zuvor vorgenommenen Verringerung der Anzahl der Items auf Basis des Kriteriums der Faktorladungen, eine unbeabsichtigte Eingrenzung bzw. Fokusverschiebung des Konstrukts erfolgte.[541] Dieser Aspekt könnte den Grund für die notwendige Elemination der weiteren Items darstellen. Für das Konstrukt *persönliches Wachstum* wurde nachträglich das Item „Ich habe einen Plan, um mein Leben ausgeglichener zu gestalten“ eliminiert. Besonders das Wort „ausgeglichener“ fällt hierbei im Vergleich zu den übrigen Items der Skala aus dem Rahmen und gibt dem Indikator so eine tendenziell andere Bedeutung. Dies könnte der Grund für die notwendige Elimination sein.

539 Vgl. Churchill (1979), S. 70.
540 Vgl. Obermiller/Spangenberg/MacLachlan (2005), S. 7.
541 Vgl. Churchill (1979), S. 68.

Sämtliche anderen Qualitätskriterien auf Messmodellebene wurden erfüllt. Die Konvergenzkriterien der AVE sowie der Konstruktreliabilität erreichten für alle Konstrukte die geforderten Werte. Ebenso wurden die Kriterien der Diskriminanzvalidität für alle Konstrukte erfüllt. Wie bereits erwähnt, ist jedoch der Unterschied zwischen der AVE des Konstrukts *Einstellung gegenüber dem Online-Werbespot* und dessen quadrierter Korrelation mit dem Konstrukt *Unterhaltung* relativ gering. Zudem zeigte sich eine geringe Differenz zwischen den Ladungen und Kreuzladungen bei dieser Konstruktkonstellation (s. *Anhang 3*). Dies deutet daraufhin, dass die Operationalisierungen beider Konstrukte nicht vollkommen trennscharf voneinander sind. Vorherige Studien, welche als Basis für die vorliegende Arbeit herangezogen wurden und einem ähnlichen Aufbau folgten, berichten nicht von solchen Ergebnissen.[542] Trotzdem sollte die Interpretation kausaler Zusammenhänge zwischen diesen beiden Konstrukten auf Strukturmodellebene unter dem Bewusstsein der hier beschriebenen Ergebnisse vollzogen werden. Die Tatsache, dass alle Q^2-Werte über dem geforderten Mindestmaß von 0 liegen, zeugt zudem von der Vorhersagevalidität der einzelnen Konstrukte.

4.6.2 Interpretation der Hypothesen zur Einstellung gegenüber der Werbung

Betrachtet man nun die Ergebnisse auf Strukturmodellebene, so sind zunächst die einzelnen in *Kapitel 3* aufgestellten Hypothesen und die dazugehörenden Ergebnisse zu interpretieren. Die Interpretation von Hypothese 3, die den Interaktionseffekt der Nützlichkeit der Botschaft auf die Beziehung zwischen der Neuartigkeit der Werbung und der Einstellung gegenüber dem Online-Werbespot beschreibt, erfolgt aufgrund der separaten Berechnung gesondert in Kapitel 4.6.6. Hypothese 1 postuliert einen kausalen Zusammenhang zwischen der *Neuartigkeit der Werbung* und der *Einstellung gegenüber einem Online-Werbespot*. Mit einem Pfadkoeffizient von 0,129 und einem t-Wert von 2,763 kann die Hypothese angenommen werden und lässt auf einen kausalen Zusammenhang zwischen den beiden Konstrukten schließen. Auf Basis des Modells der Einstellung gegenüber der Werbung ist also davon auszugehen, dass die Neuartigkeit der Werbung einen direkt positiven Einfluss auf die Einstellung gegenüber einem Online-Werbespot besitzt. Damit bestätigt die Studie die Ergebnisse mehrerer Autoren, welche eben diesen Effekt bereits für andere Werbeformen beobachten konnten.[543] Wie *Smith et al.* zeigen, ist die Neuartigkeit der Werbung eine wichtige Determinante der Einstellung

[542] Vgl. Ducoffe (1996), S. 29; Brackett/Carr (2001), S. 25; Okazaki (2008), S. 718.
[543] Vgl. Ang/Lee/Leong (2007), S. 229; Smith et al. (2007), S. 829; Smith/Chen/Yang (2008), S. 59; Sheinin/Varky/Ashley (2011), S. 14.

gegenüber einem TV-Spot.[544] Auch in Bezug auf virale Werbung als Untersuchungsgegenstand ist die Neuartigkeit der Werbung der vorliegenden Studie zufolge eine wichtige Determinante der Einstellung gegenüber einem Online-Werbespot. Dieses Ergebnis erscheint logisch, da Online-Werbespots gewöhnlichen TV-Spots sehr ähnlich sind und viele viral erfolgreiche Online-Werbespots auch als TV-Spots eingesetzt werden.[545]

Somit ist für beide Werbeformen mit einem vergleichbaren Informationsverarbeitungs- und Bewertungsprozess nach dem Schema des Modells der Einstellung gegenüber der Werbung zu rechnen. Im Rahmen des übergeordneten Begriffs der Kreativität, welcher sich nach Meinung verschiedener Forscher aus den beiden Komponenten Neuartigkeit der Werbung und Nützlichkeit der Botschaft zusammensetzt,[546] ist dieses Ergebnis ebenfalls von Bedeutung. Es zeigt zudem, dass überraschende Inhalte durchaus zu positiven Assoziationen in Form einer verbesserten Einstellung gegenüber dem Online-Werbespot bei Publikum führen. Auch für *Dobele et al.* sowie für *Teixeira* stellt dieser Überraschungseffekt eine wichtige Komponente für den viralen Erfolg eines Online-Werbespots dar.[547]

Hypothese 2 beschreibt einen kausalen Zusammenhang zwischen der *Nützlichkeit der Botschaft* und der *Einstellung gegenüber dem Online-Werbespot*. Betrachtet man die dazugehörigen Ergebnisse auf Strukturmodellebene, so kann diese mit einem t-Wert von 3,341 und einem Pfadkoeffizienten von 0,088 angenommen werden. Wie bei dem Einfluss der Neuartigkeit der Werbung, wurde auch hier das Modell der Einstellung gegenüber der Werbung verwendet, um den kausalen Effekt der Nützlichkeit der Botschaft auf die Einstellung gegenüber dem Online-Werbespot zu begründen. Als eine der Eigenschaften der Werbespots wurde dem Konstrukt ein positiver Effekt auf das Einstellungskonstrukt vorausgesagt, welcher durch die Daten bestätigt werden konnte. Somit liefert diese Studie einen zusätzlichen Beweis für diese in der Literatur mehrfach postulierte kausale Beziehung.[548] In der Studie von *Smith et al.* konnte dieser Zusammenhang jedoch z.B. nicht durch die empirischen Befunde bestätigt werden, weshalb der vorliegenden Studie auch vor diesem Hintergrund Bedeutung zukommt.[549]

---

544 Vgl. Smith et al. (2007), S. 829.
545 Vgl. Southgate/Westoby/Page (2010), S. 351.
546 Vgl. Smith/Yang (2004), S. 48 ff.; Smith et al. (2007), S. 820 f.; Smith/Chen/Yang (2008), S. 48; Sheinin/Varky/Ashley (2011), S. 6.
547 Vgl. Dobele et al. (2007), S. 301; Teixeira (2012), S. 26.
548 Vgl. Ang/Lee/Leong (2007), S. 229; Smith/Chen/Yang (2008), S. 59; Sheinin/Varky/Ashley (2011), S. 14.
549 Vgl. Smith et al. (2007), S. 829.

Zudem belegt dieser Sachverhalt, dass die Nützlichkeit der Botschaft in einem stark vom Unterhaltungswert getriebenen Medium, wie Videoinhalte im Internet,[550] weiterhin einen Einfluss auf die Einstellung gegenüber dem Online-Werbespot hat – auch wenn dieser gering ausfällt. Gleichzeitig spiegelt diese Konstellation in Verbindung mit der Neuartigkeit der Werbung die bereits erwähnte konzeptionelle Ähnlichkeit von Online-Werbespots und TV-Werbung wider.[551] Die von *Smith* und Kollegen vertretene Konzeptualisierung der Kreativität von Werbung mit den Komponenten Neuartigkeit der Werbung und Nützlichkeit der Botschaft findet durch diese Ergebnisse ebenfalls Bestätigung.[552]

Hypothese 4 geht von einer kausalen Beziehung zwischen dem Konstrukt *Unterhaltung* und der *Einstellung gegenüber der Werbung* aus. Auch sie kann mit einem t-Wert von 17,454 und einem Pfadkoeffizienten von 0,774 angenommen werden. Wie zuvor bereits beschrieben, ist die Stärke des Einflusses jedoch mit Vorsicht zu betrachten. Auch wenn der tatsächliche Effekt wahrscheinlich kleiner ausfällt, so ist trotzdem davon auszugehen, dass das Konstrukt Unterhaltung einen direkten, positiven Einfluss auf die Einstellung gegenüber dem Online-Werbespot besitzt. Auf Basis des Modells der Einstellung gegenüber der Werbung wurde dieser für die Unterhaltung als eine der Eigenschaften des Werbestimulus prognostiziert. Betrachtet man die Vielzahl empirischer Befunde in der Vergangenheit, dann ist dieses Ergebnis wenig überraschend. Schon 1981 identifizierten *Aaker/Bruzzone* den Faktor Unterhaltung als wichtigste Determinante für die Varianz der Betrachtungsdauer der Werbung.[553] Im Laufe der Zeit konnten eine Reihe weiterer Studien einen kausalen Effekt der Unterhaltung auf die Einstellung gegenüber der Werbung in verschiedenen Medien verifizieren.[554] Die Bedeutung des Einflusses der Unterhaltung kommt auch aufgrund des hybriden Charakters von Online-Werbespots zum Tragen. Wie in *Kapitel 2* beschrieben, handelt es sich zwar um einen Werbespot, der der TV-Werbung sehr ähnlich ist, gleichzeitig verfügt er jedoch über gewisse Eigenschaften, aus denen sich das virale Potential entwickelt. Zum einen stellt er also einen Werbespot dar, zum anderen repräsentiert er ein Video, das, wie viele andere nicht-kommerzielle Videos, auf den Plattformen, wie YouTube oder Vimeo, die Aufmerksamkeit der Nutzer erregen soll. In letzterem Kontext, so zeigen die Studien von *Haradakis/Hanson* und *Southga-*

[550] Vgl. Haradakis/Hanson (2009), S. 328.
[551] Vgl. Southgate/Westoby/Page (2010), S. 351.
[552] Vgl. Smith/Yang (2004), S. 48 ff.; Smith et al. (2007), S. 820 f.; Smith/Chen/Yang (2008), S. 48; Sheinin/Varky/Ashley (2011), S. 6.
[553] Vgl. Aaker/Bruzzone (1981), S. 18.
[554] Vgl. Batra/Ray (1986), S. 245; Ducoffe (1996), S. 29; Tsang/Ho/Liang (2004), S. 71; Okazaki (2008), S. 726.

te/Westoby/Page, ist Unterhaltung die wichtigste Determinante für das Ansehen und Teilen von Videos auf eben diesen Plattformen.[555] Mit einem R^2 von 0,892 weist das Konstrukt Einstellung gegenüber dem Online-Werbespot eine hohe erklärte Varianz auf. Auch hier ist erneut Vorsicht bei der Interpretation geboten. Unter einem gewissen Vorbehalt zeigt der hohe Wert jedoch, dass die vorgelagerten Konstrukte die Einstellung gegenüber dem Online-Werbespot gut erklären. Die drei in dieser Studie identifizierten Eigenschaften stellen also wichtige Determinanten dieses Konstrukts dar.

Daran anknüpfend postuliert Hypothese 5 einen positiven Einfluss des Konstrukts *Einstellung gegenüber dem Online-Werbespot* auf die *Weiterleitungsabsicht*. Mit einem t-Wert von 24,873 und einem Pfadkoeffizienten von 0,729 kann auch diese Hypothese angenommen werden. Abgeleitet wurde dieser positive Wirkungszusammenhang aus der Theorie des überlegten Handelns bzw. der Theorie des geplanten Verhaltens. Mit der Bestätigung der Hypothese ist daher ein positiver Einfluss der Einstellung gegenüber dem Online-Werbespot auf die Absicht, diesen weiterzuleiten, anzunehmen. Dies bestätigt die Ergebnisse von *Okazaki*, der einen solchen Zusammenhang im Kontext des Weiterleitungsverhaltens bezüglich mobiler Empfehlungskampagnen beobachten konnte.[556] Auch in Verbindung mit den Ergebnissen von *Huber/Meyer/Weihrauch* erscheint ein solcher Wirkungszusammenhang logisch.[557] Insofern ist es für das Weiterleitungsverhalten insgesamt wichtig, dass der Online-Werbespot als Einstellungsobjekt beim Publikum positiv bewertet wird, da die Einstellung eine wichtige Determinante für die Absicht ist, diesen auch weiterzuleiten. Die Verhaltensabsicht ist, wie die Theorie des überlegten Handelns und die Theorie des geplanten Verhaltens konstatieren, wiederum eine direkte Antezedens des tatsächlichen Verhaltens (s. *Kapitel 2.2.2*). Da Online-Werbespots heutzutage auch über Smartphones weitergeleitet werden, kann dieses Ergebnis auch als partielle Bestätigung der Theorie des mobilen viralen Marketings von *Palka/Pousttchi/Wiedemann* angesehen werden, welche ebenfalls einen Einfluss der Einstellung auf die Weiterleitungsabsicht beschreibt.[558]

[555] Vgl. Haradakis/Hanson (2009), S. 328; Southgate/Westoby/Page (2010), S. 360.
[556] Vgl. Okazaki (2008), S. 726.
[557] Vgl. Huber/Meyer/Weihrauch (2012), S. 164.
[558] Vgl. Palka/Pousttchi/Wiedemann (2009), S. 180.

4.6.3 Interpretation der Einflüsse auf die Motive der interpersonellen Kommunikation

Hypothese 6 geht von einer kausalen Beziehung zwischen der *Neuartigkeit der Werbung* und dem Motiv *Individualität* aus. Die Hypothese muss aufgrund des t-Wertes von 0,687 verworfen werden. Ein positiver Einfluss der Neuartigkeit der Werbung auf das Motiv Individualität kann somit auf Basis der empirischen Ergebnisse nicht bestätigt werden. Im Rahmen des Konzepts der Identitätssignalisierung stellt die Neuartigkeit bzw. die Rarität von Produkten einen wichtigen Aspekt dar, aufgrund dessen sie zur Identitätssignalisierung verwendet werden: „One socially acceptable means of unique self definition is possession of and /or communication about scarce products to other persons“.[559] Aufgrund der Ergebnisse dieser Studie kann ein solcher Zusammenhang jedoch nicht auf den Untersuchungsgegenstand Online-Werbespots übertragen werden. Ein möglicher Grund für die Ablehnung der Hypothese liegt in der Natur des Untersuchungsgegenstandes. Online-Werbespots, die ein hohes virales Potential besitzen, entwickeln dieses meist über ihren Unterhaltungscharakter.[560] Wenn der Unterhaltungscharakter in diesem Zusammenhang stark überwiegt, dann könnte eher dieser die Selbstdarstellungszwecke erfüllen. Bei ihrer Untersuchung zu den Determinanten einer „cool identity“ ermitteln *Rahman/Cherrier* eine hohe Korrelation zwischen ihrem Konstrukt „cool identity“ und dem „need for uniqueness“, welches dem Motiv der Individualität sehr nahe kommt. Gleichzeitig stellen sie eine hohe Korrelation zwischen den Konstrukten „humor“ und „cool identity“ fest.[561] Insofern könnte der Selbstdarstellungszweck bei der Weiterleitung von Online-Werbespots tatsächlich eher auf dessen Unterhaltungswert beruhen. Da der Pfadkoeffizient insignifikant ist, ist auch der erklärte Anteil der Varianz des Konstrukts Individualität mit einem Wert von $R^2 = 0{,}001$ entsprechend gering. Der Q^2-Wert liegt mit -0,003 unter dem geforderten Wert von über 0. Daraus ergibt sich die Schlussfolgerung, dass wichtige, für die Varianz des Konstrukts Altruismus entscheidende Variablen nicht im Modell enthalten sind. Obwohl also die Nützlichkeit der Botschaft einen Einfluss auf die altruistische Motivation besitzt, existieren noch andere Antezedenzien, welche vermutlich einen stärkeren Einfluss auf das Konstrukt ausüben.

Mit Hilfe von Hypothese 7 wurde ein positiver Einfluss des Konstrukts *Nützlichkeit der Botschaft* auf das Motiv *Altruismus* vorausgesagt. Betrachtet man den t-Wert von 2,982 und den Pfadkoeffizient von 0,167, so kann diese Hypothese angenommen werden. Wie in *Kapitel 3*

---

[559] Fromkin (1971), S. 467.

[560] Vgl. Southgate/Westoby/Page (2010), S. 360; Petrescu/Korgaonkar (2011), S. 220.

[561] Vgl. Rahman/Cherrier (2010), S. 887.

bereits beschrieben, steht der Nutzen einer altruistischen Beziehung in direkter Relation zum Nutzen der ausgetauschten Information. Die Daten verifizieren diesen zuvor aufgestellten positiven Wirkungszusammenhang zwischen der Nützlichkeit der Botschaft und dem Motiv Altruismus nun. Damit bestätigen sich die empirischen Befunde von *Lampel/Bhalla* und *Jin et al.*[562] Auch auf Basis einer reinen Plausibilitätsüberlegung erscheint ein solcher Zusammenhang logisch: Je nützlicher die Botschaft eines Online-Werbespots ist, desto eher kann ein Nutzer diesen an eine andere Person weiterleiten, um dieser zu helfen. Daher führt eine höhere Nützlichkeit zu einem verstärkten Altruismus-Motiv. Der geringe R^2-Wert von 0,028 und der ebenfalls nur knapp ausreichende Q^2-Wert von 0,015 zeigen jedoch eine geringe erklärte Varianz des Konstrukts Altruismus. Daraus ergibt sich die Schlussfolgerung, dass wichtige, für die Varianz des Konstrukts Altruismus entscheidende Variablen nicht im Modell enthalten sind. Obwohl also die Nützlichkeit der Botschaft einen Einfluss auf die altruistische Motivation besitzt, existieren noch andere Antezedenzien, welche das Konstrukt Individualität beeinflussen.

In Hypothese 8 wird eine kausale Beziehung zwischen dem Konstrukt *Unterhaltung* und dem Motiv *persönliches Wachstum* hergeleitet. Auch diese Hypothese muss auf Basis des t-Wertes von 0,641 verworfen werden. Demnach besteht kein direkter, positiver Einfluss des Konstrukts Unterhaltung auf das Motiv persönliches Wachstum. Die „Relationship Maintenance“-Perspektive belegt den Einsatz positiver Strategien, also die Vermittlung von Unterhaltung und Freude, zur Aufrechterhaltung von Beziehung, die nützlich im Sinne des persönlichen Wachstums sind.[563] Für den Unterhaltungscharakter eines Online-Werbespots kann dieser Zusammenhang jedoch nicht gehalten werden. Ein Grund hierfür könnte sein, dass Personen versuchen, Beziehungen, welche dem persönlichen Wachstum dienlich sind,[564] eher über andere Inhalte als Unterhaltung aufrecht zu erhalten. Da das Konstrukt Unterhaltung innerhalb des Modells die einzige Antezedens des Motivs persönliches Wachstum darstellt und dessen Einfluss insignifikant ist, liegen auch das R^2 sowie das Q^2 mit Werten von 0,001 bzw. -0,001 unter den geforderten Mindestmaßen. Wie bei den anderen Motiven, deutet dieser Sachverhalt auf das Auslassen wichtiger, für die Erklärung des Konstrukts relevanter Variablen hin.

[562] Vgl. Lampel/Bhalla (2007), S. 449; Jin et al. (2009), S. 1178.
[563] Vgl. Walther (1996), S. 27 f.; Wright (2004), S. 249.
[564] Vgl. Lin (1999), S. 31.

Auf Basis von Hypothese 9 wurde ein Einfluss des Konstrukts *Unterhaltung* auf das Motiv *Vergnügen* abgeleitet. Mit einem t-Wert von 2,930 und einem Pfadkoeffizienten von 0,176 kann diese Hypothese angenommen werden. Das Modell des „goal setting“ von *Bagozzi/Dholakia* wurde hierbei herangezogen, um einen positiven Einfluss des Konstrukts Unterhaltung auf das Motiv Vergnügen zu begründen.[565] Dieser bestätigt sich nun durch die empirischen Befunde: Je unterhaltsamer ein Online-Werbespot ist, desto stärker ist das Motiv Vergnügen für die interpersonelle Kommunikation. Damit stützt die Studie auch vorherige Forschungsergebnisse von *Olney/Holbrook/Batra*, die einen positiven Einfluss der Unterhaltung auf die hedonistische Motivation für das Ansehen von Werbespots identifizieren.[566] Auch die Akzeptanz virtueller Welten, welche auf interpersoneller Interaktion und Kommunikation basieren, steigt mit dem Unterhaltungswert, wie *Holsapple/Wu* feststellen.[567] Genauso steigt die Akzeptanz technologischer Informationssysteme bei steigendem Unterhaltungswert.[568] Auch *McQuails* Aussage, dass Unterhaltung in der Lage ist, das Bedürfnis nach Vergnügen zu erfüllen, findet dadurch Bestätigung.[569] Nimmt man das R^2 sowie das Q^2 des Konstrukts Vergnügen in Augenschein, so wird deutlich, dass auch hier höchstwahrscheinlich weitere Variablen existieren, welche das Motiv beeinflussen und nicht im Modell enthalten sind. Die erklärte Varianz ist mit einem R^2 von 0,031 ähnlich gering wie bei den anderen Motiven. Gleiches gilt für das Q^2 von 0,019.

Mit Hypothese 10 wurde eine kausale Beziehung zwischen den Konstrukten *Unterhaltung* und *Eskapismus* vorhergesagt. Aufgrund eines t-Wertes von 5,425 und eines Pfadkoeffizienten von 0,282 kann diese Hypothese angenommen werden. Das Konzept der Prokrastination wurde in diesem Zusammenhang herangezogen, um den positiven Einfluss des Konstrukts Unterhaltung auf das Motiv Eskapismus zu begründen. Wie sich herausstellt, liegt ein solcher positiver Einfluss tatsächlich vor. Je unterhaltsamer ein Online-Werbespot ist, desto stärker wird also das Motiv sein, diesen aus Gründen des Eskapismus weiterzuleiten. Personen, die aufgrund dieses Wirkungszusammenhangs einen Online-Werbespot weiterleiten, tendieren also dazu, Aufgaben, die eigentlich zu erledigen wären, für das Weiterleiten des Online-Werbespots zu unterbrechen. Vor dem Hintergrund verschiedener Forschungsergebnisse ist diese Erkenntnis nicht überraschend. *Lavoie/Pychyl* konnten bereits zeigen, dass das Internet

[565] Vgl. Bagozzi/Dholakia (1999), S. 28.
[566] Vgl. Olney/Holbrook/Batra (1991), S. 450.
[567] Vgl. Holsapple/Wu (2007), S. 89.
[568] Vgl. van der Heijden (2004), S. 701.
[569] Vgl. McQuail (2000), S. 80.

aufgrund seines Unterhaltungswertes häufig zu prokrastinativem Verhalten eingesetzt wird.[570] Da das Weiterleiten von Online-Werbespots im Internet geschieht und virale Online-Werbespots häufig über einen hohen Unterhaltungswert verfügen,[571] erscheint ein ähnliches Wirkungsverhältnis logisch. Auch beim Konstrukt Eskapismus liegt der R^2-Wert mit 0,080 unter dem geforderten Mindestmaß von 0,3. Mit 0,049 liegt er Q^2-Wert, wie bei den anderen Motiven, ebenfalls nahe 0. Dies deutet auch hier auf die Auslassung wichtiger Variablen hin, welche einen Einfluss auf das Konstrukt ausüben. Eine mögliche Erklärung liefert die in der Hypothesenherleitung geschilderte Perspektive der Prokrastination, welche ein solches Verhalten auf bestimmte individuelle Persönlichkeitseigenschaften, wie Extrovertiertheit, eine gering ausgeprägte Gewissenhaftigkeit und externe Kontrollüberzeugung, zurückführt.[572]

4.6.4 Interpretation der Einflüsse auf die Weiterleitungsabsicht

Hypothese 11 beschreibt einen kausalen Zusammenhang des Motivs *Individualität* und der *Weiterleitungsabsicht*. Diese kann mit einem t-Wert von 2,774 und ein Pfadkoeffizienten von 0,123 angenommen. Auch hier wurde die FIRO-Theorie zur theoretischen Fundierung eines positiven Einflusses des Motivs Individualität auf die Weiterleitungsabsicht herangezogen. Auf Basis der empirischen Ergebnisse kann dieser Einfluss bestätigt werden. Individuen tendieren also dazu, Online-Werbespots weiterzuleiten, um damit ihre Einzigartigkeit heraus zu stellen. *Ho/Dempsey* können diesen Zusammenhang bereits für Online-Inhalte allgemein nachweisen.[573] Das Ergebnis spiegelt ebenfalls die enge Verwandtschaft des Untersuchungsgegenstandes mit WoM wider. Dort spielen individualistische Motive eine ähnliche Rolle für die Weitergabe von Produktinformationen.[574]

Auch vor dem Hintergrund, dass Online-Werbespots häufig über soziale Online-Netzwerke verbreitet werden, erscheint dieses Ergebnis einleuchtend.[575] Soziale Online-Netzwerke werden häufig zum Zweck der Selbstdarstellung verwendet.[576] Der Online-Werbespot fördert durch die Verbindung mit verschiedenen Werthaltungen über eine Marke die Identifikation der Person mit eben diesen Merkmalen.[577] Außerdem verfügen die meisten sozialen Online-

[570] Vgl. Lavoie/Pychyl (2001), S. 440.
[571] Vgl. Petrescu/Korgaonkar (2011), S. 220.
[572] Vgl. Thatcher/Wretschko/Fridjhon (2008), S. 2239.
[573] Vgl. Ho/Dempsey (2011), S. 1003.
[574] Vgl. Chan/Misra (1990), S. 54; Verlegh/Buijs/Zethof (2008), S. 51.
[575] Vgl. Petrescu/Korgaonkar (2011), S. 220.
[576] Vgl. Raacke/Bonds-Raacke (2008), S. 171.
[577] Vgl. Schau/Gilly (2003), S. 400.

Netzwerke mittlerweile über eine sog. „Wall“, die als digitale Pinnwand verstanden werden kann. Auf ihr bilden Nutzer die unterschiedlichsten Dinge ab (z.B. Fotos, Videos, Texte, etc.). Damit ähneln sie stark einem Blog. Wie *Hollenbaugh* herausfand, werden Letztere häufig zur Selbstdarstellung verwendet.[578] *Dunne/Lawlor/Rowley* zufolge ermöglichen soziale Netzwerke die Darstellung eines idealen Selbstbildes.[579] Postet eine Person also einen Online-Werbespot auf dieser „Wall“, so wird sie dies tun, um ihre Individualität darzustellen.

In Hypothese 12 wird ein positiver Einfluss des Konstrukts *Altruismus* auf die *Weiterleitungsabsicht* postuliert. Diese Hypothese muss aufgrund des t-Wertes von 0,668 verworfen werden. Analog zum Vorgehen von *Ho/Dempsey* wurde auf Basis der FIRO-Theorie ein positiver Einfluss des Motivs Altruismus auf die Weiterleitungsabsicht hergeleitet. Im Gegensatz zu deren Ergebnissen, welche sich auf Online-Inhalte im Allgemeinen beziehen, existiert für den Untersuchungsgegenstand dieser Studie jedoch kein positiver Einfluss des Konstrukts Altruismus auf die Weiterleitungsabsicht.[580] Einen Grund hierfür könnte der unterschiedliche Untersuchungsgegenstand darstellen. Während das allgemeinere Bezugsobjekt Online-Inhalte auch Formen wie bspw. Nachrichtenartikel enthält, welche aufgrund ihres Informationscharakters z.T. über einen hohen persönlichen Nutzen in Form von Information verfügen,[581] ist das Gros der Online-Werbespots eher unterhaltungsorientiert.[582] Unter Berücksichtigung dieses Sachverhalts erscheint eine altruistische Motivation beim Weiterleiten von Online-Inhalten eher plausibel als beim Weiterleiten von Online-Werbespots, denn das altruistische Motiv zielt u.a. darauf ab, einer anderen Person Nutzen in Form von Information zu stiften.[583]

Hypothese 13, die eine Beziehung zwischen dem Motiv *persönliches Wachstum* und der *Weiterleitungsabsicht* prognostiziert, kann ebenfalls angenommen werden. Der t-Wert für diese Hypothese liegt bei 2,131 der Pfadkoeffizient bei 0,087. Daher bestätigt sich der positive Einfluss des Motivs persönliches Wachstum auf die Weiterleitungsabsicht, welcher mit Hilfe der FIRO-Theorie hergeleitet wurde. Auch wenn sich die Ergebnisse dieser Studie nur auf eine bestimmte Form von Online-Inhalten (d.h. Online-Werbespots) bezieht, unterstützen sie doch die Ergebnisse von *Ho/Dempsey*. Beide Autoren können auch in ihrer Studie einen positiven

[578] Vgl. Hollenbaugh (2011), S. 16.
[579] Vgl. Dunne/Lawlor/Rowley (2010), S. 51.
[580] Vgl. Ho/Dempsey (2011), S. 1003.
[581] Vgl. Papacharissi/Rubin (2000), S. 190.
[582] Vgl. Petrescu/Korgaonkar (2011), S. 220.
[583] Vgl. Trivers (1971), S. 45.

Einfluss des Motivs persönliches Wachstum auf das Weiterleitungsverhalten in Bezug auf Online-Inhalte identifizieren.[584] Abgesehen von der FIRO-Theorie wurde zur Herleitung von Hypothese 13 die Theorie des sozialen Kapitals herangezogen. Soziale Beziehungen werden der Theorie zufolge eingegangen, um daraus einen Nutzen ziehen zu können. Nach *Lin* liegt eine dieser Nutzenarten in der Erlangung von Chancen und Möglichkeiten, welche sich positiv auf den eigenen Werdegang und somit das persönliche Wachstum auswirken.[585] Die Ergebnisse dieser Studie belegen diese Auffassung, denn sie demonstrieren, dass Individuen das Weiterleiten von Online-Werbespots als eine Form der interpersonellen Online-Kommunikation gezielt zur Befriedigung von Wachstumsmotiven einsetzen. Die Ergebnisse von *Ellison/Steinfeld/Lampe*, welche den gezielten Aufbau sozialen Kapitals mit Hilfe von sozialen Online-Netzwerken belegen,[586] lassen sich somit auch auf diese konkrete Form der interpersonellen Online-Kommunikation herunterbrechen. Zudem findet das Weiterleiten von Online-Werbespots häufig in sozialen Online-Netzwerken statt.[587]

In Hypothese 14 wurde ein kausaler Zusammenhang zwischen dem Motiv *Vergnügen* und der *Weiterleitungsabsicht* hergeleitet. Der Pfadkoeffizient ist mit einem t-Wert von 1,198 jedoch insignifikant, was zu einer Ablehnung der Hypothese führt. Insofern besteht kein positiver Einfluss des Motivs Vergnügen auf die Weiterleitungsabsicht, wie er auf Basis des Modells der Motive interpersoneller Kommunikation hergeleitet wurde und das, obwohl für mehrere verwandte Untersuchungsgegenstände ein solcher Einfluss nachgewiesen werde konnte: z.B. für die den Online-Werbespots ähnliche TV-Werbung,[588] für das Übertragungsmedium Internet,[589] für die hauptsächlich dem Zweck der interpersonellen Kommunikation dienenden sozialen Online-Netzwerke,[590] sowie für YouTube-Videos.[591] Trotzdem kann er nicht auf das Weiterleiten von Online-Werbespots übertragen werden. In der vorliegenden Studie lag der explizite Fokus auf den Motiven interpersoneller Kommunikation, dies könnte ein Grund für die Insignifikanz sein. Vergleicht man das Weiterleiten von Online-Werbespots mit anderen Formen der interpersonellen Kommunikation, so wird deutlich, dass Letztere höchstwahrscheinlich mehr Vergnügen stiften. Eine Studie von *Westmyer/diCioccio/Rubin* verdeutlicht

[584] Vgl. Ho/Dempsey (2011), S. 1003.
[585] Vgl. Lin (1999), S. 30 f.
[586] Vgl. Ellison/Steinfield/Lampe (2007), S. 1162 ff.
[587] Vgl. Petrescu/Korgaonkar (2011), S. 220.
[588] Vgl. Alwitt/Prabhaker (1992), S. 39.
[589] Vgl. Papacharissi/Rubin (2000), S. 187.
[590] Vgl. Raacke/Bonds-Raacke (2008), S. 171; Park/Kee/Valenzuela (2009), S. 730.
[591] Vgl. Haridakis/Hanson (2009), S. 328.

in diesem Zusammenhang die bessere Eignung direkter Kommunikation von Angesicht zu Angesicht zur Erfüllung des Motivs Vergnügen im Vergleich zu Formen der indirekten Kommunikation über verschiedene Hilfsmedien, wie Internet, Telefon oder Brief.[592] In Einklang mit diesen Ergebnissen kann das Weiterleiten von Online-Inhalten via Internet also als ungeeignet für die Erfüllung des Motivs Vergnügen im Bereich interpersoneller Kommunikation angesehen werden.

Einen Einfluss des Motivs *Eskapismus* auf die *Weiterleitungsabsicht* postuliert Hypothese 15. Mit einem t-Wert von 1,884 und einem Pfadkoeffizienten von 0,083 kann die Hypothese angenommen werden. Wie bereits erwähnt, ist der Pfadkoeffizient jedoch nur auf 10%-Niveau signifikant. Die Hypothesenherleitung auf Basis des Modells der Motive interpersoneller Kommunikation suggeriert hierbei einen positiven Einfluss des Motivs auf die Weiterleitungsabsicht. Dieser kann mit Hilfe der empirischen Ergebnisse belegt werden. Das Weiterleiten von Online-Werbespots wird also u.a. auch dafür verwendet, um anderen Tätigkeiten mit höherer Wichtigkeit zu entfliehen oder sich die Zeit zu vertreiben.[593] Damit ähnelt das Verhalten in diesem Beweggrund dem Weiterleiten von E-Mails und der Nutzung von sog. „mobile content sharing applications“.[594] Da beide Medien auch Online-Werbespots beinhalten können, erscheint ein solches Ergebnis logisch. Außerdem zeigt dieses Ergebnis, dass Online-Werbespots als Inhalt der interpersonellen Kommunikation analog zur TV-Werbung der Befriedigung des Motivs Eskapismus dienen.[595]

Des Weiteren bestätigt sich in diesem Befund die enge Verbindung des Untersuchungsgegenstandes zu den sozialen Online-Netzwerken, für die *Dunne/Lawlor/Rowley* Eskapismus als Nutzungsmotiv identifizieren.[596] Zusätzlich kann man dazu den Einfluss des Konstrukts Unterhaltung auf das Motiv in die Interpretation miteinbeziehen. Diese Wirkungskette zeigt deutlich, dass ein hoher Unterhaltungswert eines Online-Werbespots dazu führt, dass dieser weitergeleitet wird, um das Motiv Eskapismus zu befriedigen.

---

[592] Vgl. Westmyer/DiCioccio/Rubin (1998), S. 40.
[593] Vgl. Rubin/Perse/Barbato (1993), S. 615.
[594] Vgl. Phelps et al. (2004), S. 343; Lee et al. (2010), S. 1253.
[595] Vgl. O'Donohoe (1994), S. 63.
[596] Vgl. Dunne/Lawlor/Rowley (2010), S. 51.

4.6.5 Interpretation der moderierenden Effekte

In Hypothese 16 wird ein moderierender Effekt des *Geschlechts* auf das gesamte Beantwortungsverhalten der Befragten postuliert. Wie die empirischen Ergebnisse zeigen, liegt für die Hypothesen 8, 11, 12, 13 und 15 ein moderierender Effekt des Geschlechts vor. Für Frauen ist der Effekt des Konstrukts Unterhaltung auf das Motiv persönliches Wachstum signifikant, für Männer insignifikant (H8). Dadurch konkretisieren sich die Ergebnisse bezüglich Hypothese 8 im Allgmeinen noch einmal. Insofern scheint für Frauen der hohe Unterhaltungswert eines Online-Werbespots einen positiven Einfluss auf das Motiv persönliches Wachstum zu haben, für Männer hingegen nicht. Im Vergleich zu Männern stehen für Frauen bei der Nutzung von sozialen Online-Netzwerken sowohl die Unterhaltung als auch die Beziehungspflege im Vordergrund.[597] Hier zeigt sich deutlich die Verbindung zum Konzept der Beziehungspflege, welches zur Herleitung des Wirkungszusammenhangs zwischen den Konstrukten Unterhaltung und persönliches Wachstum herangezogen wurde. Sowohl für das Weiterleiten von Online-Werbespots als auch für die Nutzung von sozialen Online-Netzwerken existiert also ein entsprechend gearteter Geschlechterunterschied. Darin spiegelt sich erneut das enge Verhältnis zwischen den beiden Untersuchungsgegenständen wider. Folgt man der Argumentation zu Hypothese 8 im Allgemeinen, pflegen demnach Männer Beziehungen, die dem persönlichen Wachstum dienen,[598] nicht über unterhaltsame Inhalte, Frauen hingegen schon.

Betrachtet man den Einfluss des Motivs Individualität auf die Weiterleitungsabsicht im Geschlechtervergleich, so zeigt sich für Frauen ein signifikanter Einfluss, für Männer hingegen nicht (H11). Dieses Ergebnis wird von verschiedenen anderen Studien gestützt. In ihrer Untersuchung zur Nutzung von sozialen Online-Netzwerken, welche häufig zu Selbstdarstellungszwecken verwendetet werden (s.o.), fand *Hargittai* einen höheren Anteil an weiblichen Nutzern.[599] Außerdem verwenden Frauen mehr Worte für die Selbstbeschreibung auf ihren Profilen innerhalb sozialer Online-Netzwerke als Männer.[600] Zudem tendieren Frauen stärker als Männer zum Führen von Blogs aus Gründen der Selbstdarstellung, wie *Trammel/Keshelashvili* und *Hollenbaugh* aufzeigen.[601] Auf Basis dieser Ergebnisse erscheint der vorliegende Unterschied zwischen den Geschlechtern bezüglich der individualistischen Motivation zur Weiterleitung eines Online-Werbespots logisch.

[597] Vgl. Barker (2009), S. 212.
[598] Vgl. Lin (1999), S. 31.
[599] Vgl. Hargittai (2008), S. 292.
[600] Vgl. Pfeil/Arjan/Zaphiris (2009), S. 652.
[601] Vgl. Trammel/Keshelashvili (2005), S. 977; Hollenbaugh (2011), S. 14.

Im Gegensatz dazu zeigt sich der Pfadkoeffizient vom Motiv Altruismus zur Weiterleitungsabsicht für Männer signifikant, für Frauen jedoch insignifikant (H12). Jedoch liegt für Männer ein negativer Einfluss des Motivs Altruismus auf die Weiterleitungsabsicht vor. Männer tendieren also nicht aufgrund einer altruistischen Motivation dazu, einen Online-Werbespot weiterzuleiten. Im Gegenteil, das Motiv Altruismus reduziert die Weiterleitungsabsicht. Dies zeigt, dass Männer Online-Werbespots nicht weiterleiten, um jemand anderem damit zu helfen. Entsprechend der Ergebnisse von *Price/Feick/Gusky* wäre eigentlich ein anderes Ergebnis zu erwarten. In Bezug auf das „market helping behavior“ konstatieren sie: „Women are more likely to be marketplace helpers then are men“.[602] Auch *Dietz/Kalof/Stern* demonstrieren diesen Geschlechterunterschied in Bezug auf das Motiv Altruismus in ihrer Studie.[603] In diesem Kontext finden *Adreoni/Vesterlund* heraus, dass Männer egoistischer sind als Frauen.[604] Insofern wäre zu erwarten, dass das Motiv Altruismus für Frauen einen positiven Effekt auf die Weiterleitungsabsicht hat und für Männer nicht. Jedoch besitzt das Motiv auch insgesamt keinen signifikant positiven Einfluss auf die Weiterleitungsabsicht. Der Grund für den negativen Einfluss des Motivs auf die Weiterleitungsabsicht bei Männern könnte an deren Auffassung für die Kommunikation von *Zuneigung* (affection) liegen, der das altruistische Motiv innerhalb der FIRO-Theorie zuzuordnen ist (s. *Kapitel 3.4*). *Floyd/Morman* konstatieren: „For women, affection is a gender-affirming behavior, but for men it is disaffirming“. [605] In diesem Zusammenhang zeigen *Rubin/Perse/Barbato* einen positiven Einfluss des Geschlechts auf das Motiv Zuneigung, d.h. Frauen tendieren stärker aufgrund dieses Motivs zu interpersoneller Kommunikation.[606] Da die Kommunikation von Zuneigung Männer negativ in ihrer Geschlechterrolle beeinflusst, könnte das Motiv Altruismus bei ihnen also einen negativen Einfluss auf die Weiterleitungsabsicht haben.

Ein entgegengesetztes Muster weist die Beziehung zwischen dem Motiv persönliches Wachstum und der Weiterleitungsabsicht auf (H13). Hier ist der Einfluss für das weibliche Geschlecht signifikant und für das männliche insignifikant. Aufbauend auf dem Konzept der Beziehungspflege erscheint dieses Ergebnis einleuchtend. Wie verschiedene Studien zeigen, nutzen Frauen soziale Online-Netzwerke stärker zum Zweck der Kommunikation und zur Be-

[602] Price/Feick/Gusky (1995), S. 260.
[603] Vgl. Dietz/Kalof/Stern (2002), S. 361.
[604] Vgl. Andreoni/Vesterlund (2001), S. 301.
[605] Floyd/Morman (1998), S. 153.
[606] Vgl. Rubin/Perse/Barbato (1988), S. 619.

ziehungspflege als Männer.[607] Diese Beziehungspflege steht wiederum in engem Zusammenhang mit der Pflege von sozialem Kapital,[608] welches Individuen u.a. für Zwecke des persönlichen Wachstums akkumulieren.[609] Insofern liegt die Schlussfolgerung nahe, dass Frauen eher soziale Beziehungen pflegen, um daraus einen Nutzen für das eigene persönliche Wachstum zu ziehen als Männer. Genau dies spiegeln die Ergebnisse des Gruppenvergleichs in Bezug auf Hypothese 13 wider.

Für den Einfluss des Motivs Eskapismus auf die Weiterleitungsabsicht (H15) liegen wiederum umgekehrte Ergebnisse vor. Dieser kausale Zusammenhang erweist sich für Männer als signifikant, für Frauen hingegen als insignifikant. Aus der Perspektive der Prokrastination betrachtet, ist dieses Ergebnis überraschend. *Haycock/McCarthy/Skay* nennen mehrere Studien, welche keinen Geschlechterunterschied diesbezüglich feststellen. Auch ihre eigene Studie weist keinen Unterschied zwischen den Geschlechtern bei prokrastinativem Verhalten nach.[610] Im Gegensatz dazu können *Özer/Demir/Ferrari* jedoch einen geschlechtsspezifischen Unterschied für prokrastinatives Verhalten nachweisen. Demnach neigen Männer eher zu prokrastinativem Verhalten als Frauen.[611] Überträgt man dieses Ergebnis auf die vorliegende Studie, so erscheint es logisch, dass Männer aufgrund des Motivs Eskapismus dazu tendieren, einen Online-Werbespot weiterzuleiten und Frauen nicht.

Hypothese 17 geht von einem moderierenden Einfluss des *sozialen Status* in Bezug auf das allgemeine Antwortverhalten der Probanden aus. Ein solcher Moderator-Effekt kann für die Hypothesen 2, 4, 7, 8, 10, 13, 14 und 15 bestätigt werden. Hypothese 2 beschreibt einen positiven Einfluss der Nützlichkeit der Botschaft auf die Einstellung gegenüber der Werbung. Obwohl die empirischen Ergebnisse diesen Einfluss für beide Gruppen verifizieren, liegt trotzdem ein signifikanter Gruppenunterschied vor. Wie die Ergebnisse des Chin-Test in Kapitel 4.5.3 zeigen, ist der Einfluss für Studenten mit einem Pfadkoeffizienten von 0,131 signifikant höher als bei Berufstätigen (Pfadkoeffizient: 0,064). Unter Einbeziehung der Ergebnisse von *Boush/Friestad/Rose* erscheint dieses Ergebnis logisch. Sie können zeigen, dass die Zweifel an der Glaubwürdigkeit von Werbebotschaften mit dem Alter zunehmen.[612] Da sich

[607] Vgl. Raacke/Bonds-Raacke (2008), S. 169; Barker (2009), S. 210; Hollenbaugh (2011), S. 14.
[608] Vgl. Ellison/Steinfield/Lampe (2007), S. 1161 ff.
[609] Vgl. Lin (1999), S. 30 f.
[610] Vgl. Haycock/McCarthy/Skay (1998), S. 322.
[611] Vgl. Özer/Demir/Ferrari (2009), S. 249 f.
[612] Vgl. Boush/Friestad/Rose (1994), S. 172.

die Gruppe der Studenten innerhalb der Stichprobe aus Personen vergleichsweise jüngerer Altersgruppen zusammensetzt, ist davon auszugehen, dass ihre Mitgleider Werbebotschaften ein höhere Maß an Glaubwürdigkeit beimessen, als Mitglieder der Gruppe der Berufstätigen. Sofern sie diese als glaubwürdiger erachten, ist davon auszugehen, dass sie sie gleichzeitig auch als nützlicher empfinden.

Hypothese 4 geht von einem positiven Einfluss der Unterhaltung auf die Einstellung gegenüber dem Online-Werbespot aus. Dieses Ergebnis bestätigt sich ebenfalls sowohl für Studenten als auch für Berufstätige. Jedoch ist in diesem Fall der Einfluss bei Berufstätigen mit einem Pfadkoeffizient von 0,8278 signifikant höher im Vergleich zu Studenten (Pfadkoeffizient: 0,6705), wie der Chin-Test ergibt. *Lavoie/Pychyl* zufolge tendieren Berufstätige eher zu Stressabbau als Studenten. Gleichzeitig zeigen ihre Ergebnisse, dass Stressabbau direkt mit Unterhaltung korreliert.[613] Auf Basis dieser Ergebnisse erscheint es also logisch, dass der Unterhaltungswert für Berufstätige im Vergleich zu Studenten einen höheren Einfluss auf die Einstellung gegenüber dem Online-Werbespot besitzt.

Der Einfluss Nützlichkeit der Botschaft auf das Motiv Altruismus (H7) ist für Studenten signifikant, für Berufstätige jedoch insignifikant. Dies zeigt, dass für junge, gebildete Personen die altruistische Motivation steigt, sobald sie einen Online-Werbespot sehen, der über eine sehr nützliche Botschaft verfügt. Für Berufstätige gilt ein solcher Zusammenhang nicht. Dieses Ergebnis passt zu den Befunden von *Lampel/Bhalla*, denen zufolge das Weiterleiten nützlicher Informationen in Online-Communities und sozialen Online-Netzwerken oft altruistisch motiviert ist.[614] Innerhalb der sozialen Online-Netzwerke stellt die Altersgruppe der 18- bis 25-Jährigen die größte Nutzergruppe dar.[615] Zusätzlich können *Boush/Friestad/Rose,* wie bereits beschrieben, zeigen, dass Zweifel an der Glaubwürdigkeit von Werbebotschaften mit dem Alter steigen.[616] Unter diesen Gesichtspunkten erscheint der Gruppenunterschied zwischen Studenten und Berufstätigen hinsichtlich der in Hypothese 5 beschriebenen Beziehung plausibel.

---

[613] Vgl. Lavoie/Pychyl (2001), S. 438.
[614] Vgl. Lampe/Bhalla (2007), S. 449.
[615] Vgl. Burbary (2011).
[616] Vgl. Boush/Friestad/Rose (1994), S. 172.

Einen weiteren Sonderfall stellt der Zusammenhang zwischen dem Konstrukt Unterhaltung und dem Motiv persönliches Wachstum dar (H8). Während der Einfluss für Studenten signifikant positiv ist, liegt bei der Gruppe der Berufstätigen ein signifikant negativer Einfluss vor. Für Studenten steigert ein unterhaltsamer Online-Werbespot also das Motiv persönliches Wachstum, um diesen weiterzuleiten. Für Berufstätige senkt er dieses. Dieser Unterschied kann mit den verschiedenen Lebensabschnitten erklärt werden. Studenten schöpfen einen Großteil ihres sozialen Online-Kapitals aus den Beziehungen zu Personen ihrer eigenen Altersgruppe. Diese Beziehungen sind häufig nicht professioneller Natur, sondern basieren auf Freundschaften und Bekanntschaften.[617] Im Gegensatz dazu werden Berufstätige soziales Kapital, welches dem eigenen persönlichen Wachstum nützt, wahrscheinlich eher aus professionellen Beziehungen zu Vorgesetzten ziehen.[618] Während in freundschaftlichen Beziehungen von Studenten Unterhaltung den Aufbau sozialen Kapitals fördert, könnte also in professionellen Beziehungen ein zu stark von Unterhaltung geprägter Online-Werbespot bei einer evtl. Weiterleitung an einen Vorgesetzten negative Konsequenzen für das persönliche Wachstum haben.

Ein Moderator-Effekt des sozialen Status ist ebenfalls bei der Beziehung zwischen dem Konstrukt Unterhaltung und dem Motiv Eskapismus zu erkennen (H10). Hierbei ist der Effekt für Studenten insignifikant und für Berufstätige signifikant. Die von *Lavoie/Pychyl* durchgeführte Studie zum Konzept der Prokrastination liefert einen Erklärungsgrund hierfür. Den empirischen Daten zufolge tendieren Berufstätige eher dazu, Prokrastination zum Stressabbau zu betreiben als Studenten. Außerdem besteht eine positive Korrelation zwischen Online-Entertainment und Stressbau sowie zwischen Stressabbau und Prokrastination.[619] Überträgt man diese Befunde nun auf die vorliegende Studie, dann ist es plausibel, dass das Konstrukt Unterhaltung bei Berufstätigen einen signifikant positiven Einfluss auf das Motiv Eskapismus besitzt und bei Studenten nicht. Ein unterhaltsamer Online-Werbespot wird von Berufstätigen als Möglichkeit zum Stressabbau bzw. Prokrastination gesehen, da diese das Internet häufiger nutzen, um Stress abzubauen. Daher wirkt das Konstrukt Unterhaltung für sie positiv auf das Motiv Eskapismus. Für Studenten gilt ein unterhaltsamer Online-Werbespot nicht als Möglichkeit für Stressabbau bzw. Prokrastination, weil sie ohnehin weniger zu Stressabbau im In-

[617] Vgl. Pfeil/Arjan/Zaphiris (2009), S. 647.
[618] Vgl. Lin (1999), S. 31.
[619] Vgl. Lavoie/Pychyl (2001), S. 438.

ternet tendieren. Insofern besteht auch kein signifikanter Zusammenhang zwischen dem Konstrukt Unterhaltung und dem Motiv Eskapismus.

Für den Zusammenhang zwischen dem Motiv persönliches Wachstum und der Weiterleitungsabsicht besteht ebenfalls ein Unterschied zwischen Studenten und Berufstätigen (H13). Für Studenten ist dieser Zusammenhang signifikant positiv, für Berufstätige insignifikant. Das bedeutet, das Motiv persönliches Wachstum hat für Studenten einen positiven Einfluss auf die Weiterleitungsabsicht. Dieser Effekt ist für Berufstätige nicht gegeben. Da das Konstrukt Unterhaltung, wie bereits gezeigt, einen negativen Einfluss auf das Motiv persönliches Wachstum hat und Unterhaltung eines der zentralen Elemente der meisten Online-Werbespots darstellt,[620] wird dieses Motiv für die Weiterleitungsabsicht in Bezug auf einen solchen Werbespot keine Rolle spielen. Außerdem sind jüngere Altersgruppen in ihrem Verhalten stärker von Wachstumsmotiven geprägt als ältere.[621] Da Studenten innerhalb der Stichprobe jünger sind als Berufstätige, ist davon auszugehen, dass das Motiv bei ihnen einen stärkeren Einfluss hat. Genau dies spiegeln die Ergebnisse wider.

Auch für die kausale Beziehung zwischen dem Motiv Vergnügen und der Weiterleitungsabsicht (H14) besteht ein Gruppenunterschied zwischen Berufstätigen und Studenten. Dieser Zusammenhang ist für Berufstätige insignifikant, gilt bei Studenten jedoch als negativ signifikant. Somit widersprechen die Ergebnisse dem in Hypothese 14 hergeleiteten positiven Zusammenhang zwischen dem Motiv Vergnügen und der Weiterleitungsabsicht. Wie bereits bei der Interpretation von Hypothese 14 erwähnt, könnte ein Grund in der Form der Operationalisierung des Weiterleitungsverhaltens als Form der interpersonellen Kommunikation liegen. Wie die Studie von *Westmyer/diCioccio/Rubin* verdeutlicht, eignen sich Formen der Kommunikation von Angesicht zu Angesicht besser zur Erfüllung des Motivs Vergnügen im Kontext interpersoneller Kommunikation.[622] Wenn eine Person also ihr Motiv nach Vergnügen interpersoneller Kommunikation befriedigen will, so hat dies einen insignifikanten (für Berufstätige) bzw. negativen (für Studenten) Einfluss auf die Weiterleitungsabsicht. Diese Form der interpersonellen Kommunikation wird wohlmöglich durch ihren indirekten und zudem zeitversetzten Charakter nicht zur Erfüllung dieses Motivs geeignet sein, weshalb der in der Studie ersichtliche Effekt entsteht. Für Studenten scheint dieser Misfit im Gegensatz zu Berufstä-

[620] Vgl. Petrescu/Korgaonkar (2011), S. 220.
[621] Vgl. Prager (1996), S. 124.
[622] Vgl. Westmyer/DiCioccio/Rubin (1998), S. 40.

tigen noch ausgeprägter zu sein, weshalb für sie ein negativer Einfluss zu beobachten ist. In diesem Zusammenhang demonstrieren *Rubin/Perse/Barbato* eine negative Korrelation des Motivs Vergnügen mit dem Alter. Vergnügen scheint für jüngere Bevölkerungsgruppen also wichtiger zu sein als für ältere, was den zuvor formulierten Sachverhalt aufgrund des Altersunterschiedes der beiden Gruppen stützt.[623]

Für die Beziehung zwischen dem Motiv Eskapismus und der Weiterleitungsabsicht (H15) folgen die Ergebnisse dem gleichen Muster. Auch hier ist der Pfadkoeffizient für Studenten negativ signifikant und für Berufstätige insignifikant. *Westmyer/diCioccio/Rubin* finden für das Motiv Eskapismus ein vergleichbares Verhältnis in Bezug auf die verschiedenen Kommunikationsformen vor wie beim Motiv Vergnügen.[624] Daher liegt auch hier die Schlussfolgerung nahe, dass das Weiterleiten eines Online-Werbespots als Form der interpersonellen Kommunikation aufgrund des indirekten Charakters und der Zeitverzögerung nicht zur Befriedigung des Motivs Eskapismus geeignet ist. Auch für das Motiv Eskapismus stellen *Rubin/Perse/Barbato* eine negative Korrelation mit dem Alter fest,[625] wodurch der Unterschied zwischen Studenten und Berufstätigen innerhalb dieser Stichprobe erklärt werden kann.

4.6.6 Interpretation des Interkationseffekts

Der in Hypothese 3 postulierte Interaktionseffekt kann auf Basis der empirischen Ergebnisse ebenfalls bestätigt werden. Wie in der Herleitung beschrieben, wird ein positiver moderierender Effekt der *Nützlichkeit der Botschaft* auf die Beziehung der *Neuartigkeit der Botschaft* und der *Einstellung gegenüber dem Online-Werbespot* angenommen. Sowohl die Interaktionsvariable als auch die beiden Antezedenzien einzeln besitzen einen positiven Einfluss auf die Einstellung gegenüber der Werbung – auch wenn dieser für die Interaktionsvariable nur gering ist. Damit kann die Konzeptualisierung der Kreativität in der Werbung als Kombination der Neuartigkeit der Werbung und der Nützlichkeit der Botschaft von *Smith* und Kollegen belegt werden.[626] *Smith et al.* führen hierzu folgenden Prozess zur Erklärung der Kreativität an: Eine kreative Werbung ist aufgrund der Neuartigkeit in der Lage, die Aufmerksamkeit des Publikums auf sich zu ziehen. Über die Nützlichkeit der Botschaft identifiziert das Publikum die Werbung anschließend als persönlich relevant, was zu einer intensiveren Verarbeitung

[623] Vgl. Rubin/Perse/Barbato (1988), S. 619.
[624] Vgl. Westmyer/DiCioccio/Rubin (1998), S. 40.
[625] Vgl. Rubin/Perse/Barbato (1988), S. 619.
[626] Vgl. Smith/Yang (2004), S. 34; Smith et al. (2007), S. 820; Smith/Chen/Yang (2008), S. 48; Sheinin/Varky/Ashley (2011), S. 6.

führt und die Reaktionen darauf, wie in diesem Fall die verbesserte Einstellung gegenüber dem Online-Werbespot, verstärkt.[627]

Folgt man der theoretischen Herleitung der Interaktion von *Smith/Yang*, so erklärt sich diese wie folgt. Zunächst ist es die Neuartigkeit (divergence), welche verschiedene Effekte innerhalb des Prozesses der Verarbeitung von Werbebotschaften auslöst. Per Definition unterscheiden sich Werbespots, die über ein hohes Maß an Neuartigkeit verfügen, stark von der großen Masse an Werbspots. Erstere bilden also einen Kontrast gegenüber Letzteren. Aufgrund dieses Kontrasteffekts erhalten Sie ein höheres Maß an Aufmerksamkeit durch das Publikum. Daran schließt sich der sog. Abschlusseffekt an. Jedes Individuum hat demzufolge das Bedürfnis die Phänomene in seiner Umwelt zu verstehen. Da eine neuartige Exekution oft ungewöhnlich und zweideutig ist, verstärkt sie die Motivation des Individuums den Werbestimulus eingehend zu verarbeiten. In diesem Zusammenhang spielt widerum der Korrespondenzeffekt eine wichtige Rolle. Dieser besagt, das ein neuartiger Werbestimulus genau dann zur Verarbeitung führt, wenn das Niveau der Neuartigkeit des Werbespots mit dem individuellen Bedürfnis nach Neuartigkeit übereinstimmt. An den Abschlusseffekt schließt sich widerrum der Elaborationeffekt an. Dieser beschreibt das eine hohe Neaurtigkeit der Werbung eine stärke Verarbeitungstiefe erfordert. Als Ergebnis der Verarbeitung des Werbespots ergeben sich wiederum verschiedene kognitive und affektive Reaktionen des Individuums. Innerhalb dieser führt ein hohes Maß an Neuartigkeit aufgrund verschiedener menschlicher Bedürfnisse wie „novelty seeking“, „variety seeking“, „explorative drive“, etc. zu einer positiven Einstellung gegenüber dem Werbespot.[628] Ist ein Werbestimulus jedoch nur neuartig und verfügt nicht über eine gewisse Relevanz, so wird dessen Effektivität gering sein, wie *Smith et al.* konstatieren.[629] Im Umkehrschluss bedeutet dies, dass ein Werbespot mit einer nützlichen Botschaft zu einer intensiveren Verarbeitungmotivation und Verarbeitungstiefe führt.[630] Dies wiederum begünstigt also die Formung einer positiven Einstellung aufgrund der Neuartigkeit des Werbspots.

Nachdem nun die Ergebnisse der vorliegenden Studie interpretiert wurden, folgt anschließend die Ableitung der sich daraus ergebenden Implikationen für die Forschung und die Praxis.

[627] Vgl. Smith et al. (2007), S. 821.
[628] Vgl. Smith/Yang (2004), S. 41 ff.
[629] Vgl Smith et al. (2007), S. 821.
[630] Vgl. McInnis/Jaworski (1989), S. 7, Smith/Yang (2004), S. 44.

4.7 Implikationen für Forschung und Praxis

4.7.1 Implikationen für die Forschung

Anknüpfend an die Interpretation der Ergebnisse sollen in diesem Abschnitt nun die Implikationen für die Forschung dargestellt werden. Zunächst einmal ist zu erwähnen, dass der zu Beginn aufgezeigte hybride Charakter viraler Werbung (s. *Kapitel 2.1.1*) mit einer objektbezogenen und einer sozialen Komponente gegeben ist und beide Seiten einen Einfluss auf die Weiterleitungsabsicht in Bezug auf den Online-Werbespot besitzen. Sowohl die in dieser Studie untersuchten Charakteristika des Online-Werbespots (Neuartigkeit der Werbung, Nützlichkeit der Botschaft und Unterhaltung), als auch verschiedene Motive interpersoneller Kommunikation (Individualität, persönliches Wachstum und Eskapismus) beeinflussen die Absicht, einen Online-Werbespot weiterzuleiten. Mit dieser Erkenntnis leistet die Arbeit einen wichtigen Beitrag zum Verständnis der kognitiven Prozesse hinter dem Weiterleitungsverhalten von Online-Werbespots, welches gerade in Bezug auf die Motivationsforschung so bis jetzt nur für Online-Inhalte im Allgemeinen etabliert werden konnte.[631]

Außerdem konnten mit den Konstrukten Neuartigkeit der Werbung, Nützlichkeit der Botschaft und Unterhaltung drei Eigenschaften als Einflussfaktoren herausgearbeitet werden, die für eine große Anzahl von Online-Werbespots Gültigkeit besitzen. Vorherige Studien beschränken sich in diesem Zusammenhang z.T. auf sehr spezielle Eigenschaften wie komödiantische Gewalt oder positive bzw. negative emotionale Tonalität,[632] wodurch die Anwendung der Ergebnisse auf eine breitere Masse von Online-Werbespots häufig eingeschränkt ist. Somit konnte eines der Hauptziele dieser Studie, nämlich die Identifikation von für die Weiterleitung kritischen Eigenschaften (s. *Kapitel 1*), erfüllt werden. Zudem konnte die Studie belegen, dass die Kreativität der Werbung, so wie sie von *Smith* und Kollegen operationalisiert wird,[633] auch einen positiven Einfluss auf die Einstellung gegenüber Online-Werbespots besitzt.

Des Weiteren demonstriert die Studie einen Einfluss der Eigenschaften des Online-Werbespots auf die Motive interpersoneller Kommunikation. Dies zeigt, dass das Anschauen eines Online-Werbespots verschiedene Triebe bzw. Emotionen auslöst, die in Verbindung mit

[631] Vgl. Ho/Dempsey (2011), S. 1004.
[632] Vgl. Brown/Bhadhury/Pope (2010), S. 61; Eckler/Bolls (2011), S. 8 ff.
[633] Vgl. Smith/Yang (2004), S. 34; Smith et al. (2007), S. 820; Smith/Chen/Yang (2008), S. 48; Sheinin/Varky/Ashley (2011), S. 6.

kognitiven Antriebskräften zu Motiven werden (s. *Kapitel 2.3.1*), genauer gesagt zu Motiven interpersoneller Kommunikation.

Vergleicht man die Ergebnisse der vorliegenden Studie zudem mit anderen Studien zur Viralität von Online-Inhalten im Allgemeinen, so offenbaren sich Unterschiede in den Ergebnissen. Konkret konnten *Ho/Dempsey* bspw. einen Einfluss des Konstrukts Altruismus auf das Weiterleitungsverhalten von Online-Inhalten allgemein nachweisen.[634] In der vorliegenden Studie konnte dieser für den präziser definierten Untersuchungsgegenstand der Online-Werbespots jedoch nicht bestätigt werden. Im Gegenteil, für Männer besitzt das Motiv sogar einen negativen Einfluss auf das Weiterleitungsverhalten. Dieser Aspekt ist für die Forschung insofern von Interesse, da Forscher in der Vergangenheit dazu tendierten, Ergebnisse, welche für Online-Inhalte allgemein Gültigkeit besitzen, direkt auf virale Werbung zu übertragen.[635] Hier sollte in Zukunft, je nach Objektbezug, genauer differenziert werden, vor allem in Bezug auf Implikationen für die Marketing-Praxis. Des Weiteren demonstriert die Studie auf Basis des Gruppenvergleichs zwischen Studenten und Berufstätigen und den darin gefundenen Unterschieden, dass die Ergebnisse von Studenten-Samples nicht ohne Weiteres auf die Gesamtbevölkerung übertragen werden können. Veröffentlichungen, welche für diese Arbeit als Basis herangezogen wurden und ausschließlich über Studentensamples verfügen, weisen jedoch bereits auf diese Diskrepanz hin.[636]

Darüber hinaus lassen sich anhand dieser Arbeit Forschungsfelder für zukünftige Studien ableiten. Hierbei fällt besonders ein Aspekt dieser Studie ins Gewicht. Wie die Studie gezeigt hat, verfügen alle Konstrukte, die die Motive interpersoneller Kommunikation abbilden, über geringe R^2-Werte. In der Interpretation wurde daraus die Schlussfolgerung gezogen, dass neben den Eigenschaften des Werbespots weitere Variablen existieren, welche einen Einfluss auf die Motive besitzen. Zukünftige Forschungsprojekte auf dem Gebiet der viralen Werbung sollten also versuchen, weitere Einflussfaktoren für die Motive interpersoneller Kommunikation zu identifizieren. Hierbei dürften wohl vor allem Konstrukte, welche sich auf komplexere Aspekte der menschlichen Persönlichkeit beziehen, als Antezedenzien in Frage kommen. In diesem Zusammenhang diskutiert *Teixeira* beispielsweise den Einfluss von verschiedenen Persönlichkeitsmerkmalen auf das Weiterleitungsverhalten. Besonders Eigenschaften wie

[634] Vgl. Ho/Dempsey (2011), S. 1003 f.
[635] Vgl. Ho/Dempsey (2011), S. 1004 f.; Berger/Milkmann (2011), S. 10 ff.
[636] Vgl. Brown/Bhadury/Pope (2010), S. 62; Ho/Dempsey (2011), S. 1005; Eckler/Bolls (2011), S. 8.

Extrovertiertheit und Egozentrik, so stellt sich heraus, beeinflussen das Weiterleitungsverhalten positiv.[637] Auch Befunde in Bezug auf das Konzept der Prokrastination, welches zur Herleitung eines Einflusses der Unterhaltung auf das Motiv Eskapismus verwendet wurde, suggerieren eine Verbindung zu verschiedenen Persönlichkeitsmerkmalen, wie Neurotizismus, Selbstwertgefühl, Extrovertiertheit, Gewissenhaftigkeit und Kontrollüberzeugung.[638] Insofern wäre eine Einbeziehung verschiedener grundlegender Persönlichkeitsfaktoren wie z.B. den „Big Five Personality Factors“ – Extrovertiertheit, Freundlichkeit, Gewissenhaftigkeit, Neurotizismus und Offenheit – ein möglicher Startpunkt zur Identifikation weiterer Antezedenzien der Motive interpersoneller Kommunikation hinsichtlich der Weiterleitung von Online-Werbespots.[639] Auch wenn das Targeting nach Persönlichkeitseigenschaften zurzeit noch schwierig ist, könnte es in naher Zukunft mit der Weiterentwicklung der sozialen Medien möglich werden. Schon jetzt platzieren Firmen Anzeigen auf den Facebook-Profilen von Nutzern, die häufig Links weiterleiten.[640] Zu wissen, welche Eigenschaften dabei eine Rolle spielen, ist für die Unternehmenspraxis daher von essentieller Bedeutung.

Abgesehen davon sollten weitere, der Einstellung nachgelagerte Konstrukte in die Untersuchung mit einbezogen werden. Hierbei wären Konstrukte, die schon im Modell zur Einstellung gegenüber der Werbung enthalten sind, von Interesse. Besonders die Variablen *Einstellung gegenüber der Marke* und *Kaufabsicht* bieten sich in diesem Kontext an, da deren Beeinflussung das ursprüngliche Ziel der Werbung repräsentiert.[641] Erste Studien zu viraler Werbung deuten bereits daraufhin, dass solche Variablen positiv beeinflusst werden können.[642] Ein genaueres Verständnis, wie dieser Prozess von statten geht, wäre daher erstrebenswert, um entsprechende Implikationen für die Gestaltung von Online-Werbespots ableiten zu können. Schließlich soll ein Online-Werbespot nicht nur möglichst häufig weitergeleitet werden, sondern auch eine Veränderung der zuvor genannten Konstrukte beim Publikum zu Gunsten des Werbetreibenden bewirken. Ebenfalls nachgelagert im Verarbeitungsprozess eines Werbespots ist der Effekt der Markenerinnerung. Aufgrund des hohen Involvements während des Betrachtens des Online-Werbespots ist besonders von Effekten der Markenerinnerung auszugehen. Untersuchungen zur Markenerinnerung im Zeitablauf könnten also weitere Aufschlüs-

[637] Vgl. Teixeira (2012), S. 27.
[638] Vgl. Steel/Brothen/Wambach (2001), S. 96; Thatcher/Wretschko/Fridjhon (2008), S. 2239.
[639] Vgl. Loehlin et al. (1998), S. 432.
[640] Vgl. Teixeira (2012), S. 27.
[641] Vgl. Siegbert/Brecheis (2010), S. 28.
[642] Vgl. Brown/Bhadury/Pope (2010), S. 61 ff.; Eckler/Bolls (2011), S. 8.

se über die Wirkung von Online-Werbespots liefern. Im Vergleich zur TV-Werbung könnte zudem eine Aussage über deren Werbewirksamkeit getroffen werden.[643]

Auch die Einbeziehung des tatsächlichen Verhaltens im Gegensatz zur Verhaltensintention stellt einen weiteren Aspekt zukünftiger Forschung dar. *Eckler/Bolls* merken in diesem Zusammenhang an: „Examining actual forwarding behavior versus forwarding intentions would also provide a more precise indication of the viral effects of different message features".[644] In diesem Kontext ist auf die Meta-Analyse zur Theorie des überlegten Handelns von *Shepard/Hartwick/Warshaw* zu verweisen. Die Studie ergab eine Korrelation von 0,53 für die Variablen Verhaltensintention und Verhalten.[645] Insofern wird nicht jeder mit einer gewissen Verhaltensabsicht diese auch in die Tat umsetzen. Ein ähnliches Verhältnis ist wahrscheinlich auch für das Weiterleiten eines Online-Werbespots und der dazugehörigen Verhaltensintention zu erwarten. Damit einher geht eine mögliche Einbeziehung von Konstrukten, wie sie z.B. die Theorie des geplanten Verhaltens beinhaltet. Soziale Normen bezüglich des Weiterleitungsverhaltens sowie die wahrgenommene Verhaltenskontrolle könnten sowohl die Weiterleitungsabsicht als auch das tatsächliche Weiterleitungsverhalten beeinflussen. (s. *Kapitel 2.2.2*). Gerade soziale Normen dürften in diesem Zuge aufgrund des sozialen Charakters des Untersuchungsgegenstands eine Rolle spielen.

Betrachtet man die bisherige Forschung auf dem Gebiet der viralen Werbung und der viralen Videos, so ist eine weitere Tendenz zu erkennen. Bisher wurden hauptsächlich Eigenschaften von Online-Werbespots bzw. Online-Videos untersucht, welche sich der theoretischen Fundierung entsprechend positiv auf die Weiterleitung auswirken.[646] Gerade für die Praxis wäre jedoch auch wichtig zu erfahren, welche Eigenschaften sich negativ auf die Weiterleitung auswirken, um diese dann vermeiden zu können. Ein Konstrukt, welches in diesem Rahmen auf seinen Einfluss auf die Einstellung gegenüber dem Online-Werbespot überprüft werden könnte, ist der „Hard-Selling Appeal" von *Okazaki/Mueller/Taylor*. Dieses Konstrukt zweiter Ordnung misst, inwieweit eine Werbung direkt versucht, ein Produkt zu verkaufen.[647] Merk-

---

[643] Vgl. Stenger (2012), S. 272 f.
[644] Eckler/Bolls (2011), S. 9.
[645] Vgl. Shepard/Hartwick/Warshaw (1988), S. 336.
[646] Vgl. Haradakis/Hanson (2009), S. 20; Brown/Bhadury/Pope (2010), S. 50 ff.; Southgate/Westoby/Page (2010), S. 352 ff.
[647] Vgl. Okazaki/Mueller/Taylor (2010), S. 13.

male sind hierbei der Fokus auf faktische Informationen, die Nennung von Marken und Produktnamen, Produktvergleiche sowie das Abzielen auf rationale Entscheidungen.[648]

Wie die vorliegende Studie ebenfalls demonstrieren konnte, liegt eine Reihe von Zusammenhängen zwischen dem Untersuchungsgegenstand virale Werbung und den sozialen Online-Netzwerken vor. Eine der zentralen Nutzenkomponenten von Seiten wie Facebook stellt das Kommunizieren mit Freunden und Bekannten dar.[649] Damit verbunden ist die Erkenntnis, dass soziale Online-Netzwerke besonders die Transformation von sog. „latent-ties“ in „weak-ties“ ermöglichen.[650] „Latent-ties“ sind Verbindungen zwischen Personen, „that are technically possible but not activated socially“.[651] „Weak-ties“ sind relativ lose Verbindungen zwischen zwei Personen, die eher Bekannte sind und nicht in einer engen Beziehung zu einander stehen. Sie repräsentieren überbrückendes soziales Kapital.[652] In *Kapitel 2.1.2* wurde beschrieben, dass gerade Personen mit einer hohen Anzahl an „weak-ties“ für die Verbreitung eines Online-Werbespots wichtig sind. Vor dem Hintergrund dieser Ergebnisse zu sozialen Online-Netzwerken wäre es von Interesse zu erfahren, wie sich eine Mitgliedschaft bei einem solchen auf das Weiterleitungsverhalten auswirkt.

Ein weiterer Forschungsstrang, der bis jetzt nur wenig Aufmerksamkeit erhalten hat, ist die Untersuchung der Empfängerseite und den verschiedenen Reaktionen, die das Erhalten eines Online-Werbespots durch einen Freund oder Bekannten und die darauffolgende Betrachtung auslösen. In *Kapitel 2.1.3* wurde in diesem Kontext bspw. schon der Empfehlungseffekt genannt. Aber auch weitere in der WoM-Forschung bereits etablierte Konstrukte, wie z.B. die Glaubwürdigkeit der Quelle oder Vertrauen, könnten hilfreich für die Erklärung des Verhaltens und der kognitiven Prozesse beim Empfänger von weitergeleiteten Online-Werbespots sein.[653]

Zusätzliche Forschungsanstrengung sollte zudem im Hinblick auf die Differenzierung der Konstrukte Unterhaltung und Einstellung unternommen werden. Innerhalb dieser Studie stell-

---

648 Vgl. Okazaki/Mueller/Taylor (2010), S. 7.
649 Vgl. Ellison/Steinfield/Lampe (2007), S. 1162; Ellison/Steinfield/Lampe (2008), S. 443; Park/Lee/Valenzuela (2009), S. 730.
650 Vgl. Ellison/Steinfield/Lampe (2007), S. 1162; Ellison/Steinfield/Lampe (2008), S. 443.
651 Haythornthwaite (2005), S. 137.
652 Vgl. Ellison/Steinfield/Lampe (2007), S. 1146.
653 Vgl. Sweeney/Soutar/Mazzarol (2008), S. 352.

te sich heraus, dass die verwendeten Operationalisierungen zu einer geringen Trennschärfe der beiden Konstrukte führen. Um den in der Interpretation angesprochenen, höchstwahrscheinlich überbewerteten Effekt der Unterhaltung auf die Einstellung gegenüber dem Online-Werbespot in Zukunft zu vermeiden, sollten daher differenzierendere Operationalisierungen verwendet bzw. entwickelt werden. Dieser Aspekt stellt zugleich auch eine Limitation der vorliegenden Studie dar. Die Ergebnisse in Bezug auf die kausale Beziehung zwischen der Unterhaltung und der Einstellung gegenüber der Werbung sollten demnach nicht überbewertet werden. Eine erneute Untersuchung dieses Zusammenhangs nach o.g. Schema sollte Klarheit über die tatsächliche Stärke des Effekts liefern.

Außerdem beschränkt sich die Studie lediglich auf einen Online-Werbespot als Stimuli aus einer breiten Masse von Online-Werbespots. Zusätzlich handelt es sich bei dem darin beworbenen Produkt (Fernseher) um ein High-Involvement-Produkt. Aufgrund dieser beiden Aspekte sollten die Ergebnisse nicht einfach auf andere Produktkategorien übertragen werden. Weitere Forschungsanstrengungen unter Verwendung anderer Online-Werbespots, die Produkte anderer Kategorien bewerben, können die externe Validität in diesem Zuge verbessern.[654]

Eine weitere Limitation dieser Studie basiert auf der Auswahl der Stichprobe. Obwohl die Stichprobe Gruppen enthält, die sich sowohl in ihrem Alter als auch in ihrem sozialen Status unterscheiden, handelt es sich nach wie vor um eine Stichprobe, welche nach der Methode des Convenience-Sampling ausgewählt wurde. Insofern ist sie nicht repräsentativ für die Gesamtbevölkerung. Eine Verallgemeinerung der Ergebnisse sollte aufgrund der dadurch geringeren externen Validität also mit Vorsicht geschehen.[655] Allein die Unterschiede zwischen den beiden Gruppen der Studenten und Berufstätigen deuten an, dass das Weiterleiten von Online-Werbespots innerhalb der Gesamtbevölkerung unterschiedlichen Prozessen unterliegt. Abgesehen davon diskutieren jedoch mehrere Autoren die Eignung von Studenten für Untersuchungen zum Thema virale Werbung, da sie aufgrund ihrer Internetaffinität und ihrem Medienverhalten eine zentrale Zielgruppe viraler Werbung darstellen.[656] Gerade die Ergebnisse für die Subgruppe der Studenten sollten daher in den folgenden Implikationen für die Marketing-Praxis intensiv diskutiert werden.

[654] Vgl. Stenger (2012), S. 271.
[655] Vgl. Burnett/Dunne (1986), S. 341 f.
[656] Vgl. Eckler/Bolls (2011), S. 8; Ho/Dempsey (2011), S. 1005; Stenger (2012), S. 272.

4.7.2 Implikationen für die Praxis

Besonders interessant für die Marketing-Praxis sind vor allem die Ergebnisse zu den Eigenschaften des Online-Werbespots, da diese bei der Entwicklung eines solchen aktiv beeinflusst werden können. Die Feststellung, dass alle drei Eigenschaften (Neuartigkeit der Werbung, Nützlichkeit der Botschaft und Unterhaltung) im Hauptmodell und auch in den durchgeführten Gruppenvergleichen immer einen signifikanten Einfluss auf die Einstellung gegenüber dem Werbespot haben, ist insofern von hoher Bedeutung, da die Einstellung wiederum eine positive Wirkung auf die Weiterleitungsabsicht besitzt. Werbetreibende und ihre Agenturen, die die Entwicklung eines Online-Werbespots mit möglichst hohem viralem Potential anstreben, sollten also versuchen, alle drei Eigenschaften in den Werbespot zu integrieren. Zum einen sollte der Werbespot das Produkt in einem bisher möglichst ungesehenen Kontext darstellen, da dies eine wichtige Rolle für die virale Verbreitung spielt.[657] Zum anderen sollte der Online-Werbespot eine nützliche Komponente bzw. eine gewisse Relevanz für den Betrachter bieten. Denn Personen, für die ein Spot relevant erscheint, werden diesen eher an Personen mit ähnlichen Präferenzen weiterleiten.[658] Dies wiederum reduziert das Auftreten von Streuverlusten.[659] Diese Erkenntnisse lassen sich also von der TV-Werbung direkt auf Online-Werbespots übertragen.[660] Besonders wichtig ist jedoch das Erreichen eines hohen Unterhaltungswertes, der sich auch in der Studie von *Southgate/Westoby/Page* als bedeutendster Faktor für die Weiterleitung eines Online-Werbespots gezeigt hat.[661] Dies kann durch verschiedene Maßnahmen erfolgen. *Brown/Badury/Pope* nennen in diesem Zusammenhang die Verwendung von komödiantischer Gewalt.[662] *Dobele et al.* erwähnen den Einsatz von Humor.[663] *Eckler/Bolls* empfehlen die Verwendung einer positiven emotionalen Tonalität.[664]

Der moderierende Effekt der Nützlichkeit der Botschaft auf die Beziehung zwischen der Neuartigkeit der Werbung und der Einstellung, der als Teil der Konzeption der Kreativität aufgefasst wird, besitzt ebenfalls einen positiven Effekt auf die Einstellung gegenüber dem Online-Werbespot. Agenturen sollten daher versuchen, möglichst kreative Online-Werbespots zu entwickeln, da dies in einer höheren Wahrscheinlichkeit für die virale Verbreitung des Spots

657 Vgl. Southgate/Westoby/Page (2010), S. 360; Teixeira (2012), S. 26.
658 Vgl. Schulz/Mau/Löffler (2007), S. 259.
659 Vgl. Stengler (2012), S. 268.
660 Vgl. Smith/Chen/Yang (2008), S. 60.
661 Vgl. Southgate/Westoby/Page (2010), S. 360.
662 Vgl. Brown/Bhadury/Pope (2010), S. 61.
663 Vgl. Dobele et al. (2007), S. 302.
664 Vgl. Eckler/Bolls (2011), S. 8.

resultiert. Da sich auch im Bereich der TV-Werbung die Kreativität als wichtiger Einflussfaktor verschiedener nachgelagerter Variablen, wie der Einstellungen zum Werbespot und zur Marke, dem Markenvertrauen sowie Empfehlungs- und Kaufabsicht, gezeigt hat, sollte in beiden Bereichen auf diese gesetzt werden.[665] Werbetreibende und Agenturen versuchen bereits, Werbespots zu entwickeln, die sowohl als TV-Spot als auch als Online-Werbespot wirksam sind.[666] Um solche Synergieeffekte zu erzeugen, eignet sich also, wie die Ergebnisse zeigen, besonders ein hohes Maß an Kreativität.

Neben den Eigenschaften der Werbespots haben auch die Motive Individualität, persönliches Wachstum und Eskapismus einen Einfluss auf die Weiterleitungsabsicht. Diese sind, wie die vorliegende Studie zeigt, nur in geringem Maße über inhaltliche Komponenten eines Online-Werbespots zu beeinflussen. Weitere Maßnahmen, die daran anknüpfen, könnten jedoch genau auf das Ausnutzen dieser Motive ausgerichtet sein. Mit Hinblick auf das Motiv Individualität könnte Nutzern, die dadurch zur Weiterleitung motiviert sind, z.B. eine Art Preview des Online-Werbespots mit anschließender Möglichkeit des Weiterleitens geboten werden. Diese Nutzer wären damit unter den Ersten, die den Werbespot zu sehen bekommen, und könnten über das Teilen ihre Innovatoren-Rolle kommunizieren.

Ein weiterer Aspekt, den Werbetreibende bei der Konzeption von Online-Werbespots beachten sollten, lässt sich aus den unterschiedlichen Ergebnissen der Gruppenvergleiche ableiten. Zwischen Männern und Frauen sowie zwischen Studenten und Berufstätigen liegen klare Unterschiede in den Wirkungsstrukturen vor. Dementsprechend sollte bei der Entwicklung eines Online-Werbespots eine klare Zielgruppen-Definition und Analyse vorausgehen, die möglichst auch auf die Motive interpersoneller Kommunikation abstellt. Zudem sollte eine genaue Kenntnis der innerhalb der Zielgruppe aktuell gehandelten Themen vorliegen. In diesem Kontext liefert *Spengler* folgenden nützlichen Rat: „Neben Web-Monitoring-Technologien bieten Fokusgruppen oder Einzelinterviews die Möglichkeit, aktuelle Bedürfnisse, Trends und Themen zu identifizieren und in der Folge durch entsprechende Inhalte zu adressieren".[667]

---

[665] Vgl. Smith/Chen/Yang (2008), S. 59; Sheinin/Varki/Ashley (2011), S. 13 f.
[666] Vgl. Neff (2010), S. 16; Southgate/Westoby/Page (2010), S. 364.
[667] Spengler (2012), S. 268.

Folgt man der Empfehlung mehrerer Autorengespanne, gilt vor allem die Zielgruppe der Studenten als interessantes Segment für virale Kampagnen.[668] Die Studie „Generation Netzwerk“ der VZ-Netzwerke zeigt, wie sich das Mediennutzungsverhalten der Zielgruppe geändert hat. Besonders Internet und Handy sind die Medien, die überwiegend täglich genutzt werden. Traditionelle Medien, wie Fernsehen, Rundfunk und Zeitung, werden von wesentlich weniger Befragten täglich genutzt.[669] Insofern wird deutlich, dass dieses Segment immer schwieriger über die traditionellen Medien mit Marketing-Botschaften in Kontakt gebracht werden kann. In diesem Zusammenhang weisen *Pfeil/Arjan/Zaphiris* auf die unterschiedlichen Freundschaftsmuster von Nutzern sozialer Online-Netzwerke hin. Jüngere Nutzer haben tendenziell mehr Freunde als ältere Nutzer. Zudem stammen die Freunde jüngerer Nutzer meist aus der gleichen Altersgruppe. Bei älteren Nutzern setzten sich die Freundeslisten hingegen aus Personen unterschiedlicher Altersgruppen zusammen.[670] Dies sind zwei Faktoren, die für die virale Verbreitung eines Online-Werbespots und dessen Wirkung von essentieller Bedeutung sind. Die höhere Anzahl an Freunden bei jüngeren Zielgruppen führt zu einer höheren Verbreitung innerhalb der Zielgruppen, wenn ein Online-Werbespot z.B. auf der digitalen Pinnwand eines Nutzers geteilt wird. Zusätzlich verringert die altersbezogene Homogenität der Freunde das Entstehen von Streuverlusten, d.h. die Wahrscheinlichkeit, dass ein Freund ebenfalls zur Zielgruppe des Online-Werbespots gehört, ist größer.

Für die konkrete Ausgestaltung eines Online-Werbespots und das Targeting der Zielgruppe gibt die vorliegende Studie nützliche Hinweise. Für Studenten stellen die Motive Individualität, persönliches Wachstum und Eskapismus Einflussfaktoren mit positiver Wirkung auf die Weiterleitungsabsicht dar. Das Motiv Vergnügen hingegen weist einen negativen Einfluss auf. Insofern sollten Werbetreibende versuchen, genau jene Motive mit positiver Wirkung über den Inhalt anzusprechen. Die Neuartigkeit der Werbung hat in diesem Zusammenhang einen positiven Einfluss auf das Motiv Individualität. Gerade Produkte mit hohem Symbolcharakter werden häufig zu Selbstdarstellungszwecken verwendet.[671] Sie eignen sich demanch besonders für virale Werbung. Für Produkte, die eher weniger in die Kategorie der Selbstdarstellung fallen, könnte ein hoher Unterhaltungswert des Online-Werbespots hilfreich für dessen Weiterleitung sein. Denn wie die Ergebnisse dieser Studie zeigen, wirkt sich ein

[668] Vgl. Eckler/Bolls (2011), S. 8; Ho/Demspey (2011), S. 1005; Stenger (2012), S. 272.
[669] Vgl. Bagemihl/Herb (2010), S. 20.
[670] Vgl. Pfeil/Arjan/Zaphiris (2009), S. 647 f.
[671] Vgl. Berger/Heath (2007), S. 132.

hoher Unterhaltungswert positiv auf das Motiv persönliches Wachstum aus, welches wiederum einen positiven Einfluss auf die Weiterleitungsabsicht aufweist. Das Motiv Vergnügen besitzt bei der Gruppe der Studenten einen negativen Einfluss auf die Weiterleitungsabsicht. Wie bereits in der Interpretation geschildert, scheint für die studentische Zielgruppe das Motiv Vergnügen bei interpersoneller Kommunikation einen besonderen Stellenwert einzunehmen, den die indirekte und zeitversetzte Form des Weiterleitens eines Online-Werbespots nicht erfüllen kann. Insofern sollte ein Online-Werbespot, der sich an diese Zielgruppe richtet, nicht ausschließlich auf Vergnügen ausgerichtet sein, sondern immer auch eines der beiden Motive mit positiver Wirkung auf die Weiterleitungsabsicht bedienen. Abgesehen davon weist die Nützlichkeit der Botschaft bei Studenten einen signifikant höheren Einfluss auf die Einstellung gegenüber dem Online-Werbespot auf als bei Berufstätigen. Unter diesem Gesichtspunkt erscheint es also umso sinnvoller einen viralen Werbespot so zu gestalten, dass dessen Botschaft einen gewissen Nutzen für diese Zielgruppe bietet.

Für Berufstätige, welche sich innerhalb dieser Studie auch hinsichtlich des höheren Alters von den Studenten unterscheiden, wirkt sich nur das Motiv Individualität auf die Weiterleitungsabsicht aus. Im Unterschied zu den Studenten wird dieses jedoch nicht positiv von der Neuartigkeit der Werbung beeinflusst. Wie das Konzept des „Identity Signaling“ beschreibt, eignen sich für diese Zielgruppe daher vor allem Produkte mit Symbolcharakter für Online-Werbespots mit hohem, viralem Potential im Gegensatz zu nutzenfokussierten Produkten.[672] Insofern sollte ein Online-Werbespot in diesem Fall stark auf Aspekte der Markenpersönlichkeit abstellen. Denn, wie *Aaker* beschreibt, ist es besonders die Markenpersönlichkeit, die Zwecken der Selbstdarstellung dient, indem verschiedene Aspekte der Markenpersönlichkeit auf die eigene Persönlichkeit übertragen werden.[673]

Auch bei geschlechtsspezifischen Produkten sollte bei der Entwicklung eines Online-Werbespots auf bestimmte Faktoren geachtet werden. Für Frauen haben die Motive Individualität und persönliches Wachstum einen positiven Einfluss auf die Weiterleitungsabsicht. Zum einen eignen sich daher Produkte mit hohem symbolischen Wert für die Konzeption von Online-Werbespots mit hohem viralen Potential, weil Frauen damit ihre Persönlichkeit zum Ausdruck bringen können. Auch hier liegt kein Einfluss des Motivs Neuartigkeit der Wer-

[672] Vgl. Edson Escalas/Bettman (2005), S. 388.
[673] Vgl. Aaker (1997), S. 355.

bung auf das Motiv Individualität vor. Deshalb sollte bei der Exekution vor allem auf eine klare Darstellung der Markenpersönlichkeit geachtet werden, so wie es bereits für die Gruppe der Berufstätigen beschrieben wurde. Zum anderen sind Frauen daran interessiert, Möglichkeiten für persönliches Wachstum mit Hilfe dieser Form der interpersonellen Kommunikation zu generieren. Die Unterhaltung wirkt sich dabei positiv auf dieses Motiv aus. Daher können Online-Werbespots für nutzenorientierte Produkte mit Hilfe eines besonders hohen Unterhaltungswertes versuchen, dieses Motiv zu verstärken, um so eine möglichst hohe Weiterleitungsabsicht bei Frauen zu erzeugen.

Für Männer hingegen weist das Motiv Eskapismus eine positive Wirkung auf die Weiterleitungsabsicht auf. Genauer gesagt, besteht ein positiver Wirkungszusammenhang zwischen der Unterhaltung und dem Motiv Eskapismus, das wiederum eine positive Wirkung auf die Weiterleitungsabsicht hat. In diesem Kontext spielen vor allem die Ergebnisse von *Dobele et al.* eine wichtige Rolle. Sie zeigen, dass Männer mit einer wesentlich höheren Wahrscheinlichkeit Online-Werbespots weiterleiten, die Humor als Kernelement der Exekution aufweisen.[674] Um das Motiv Eskapismus weiterhin zu bedienen, könnten Marketer zudem versuchen, die Interaktivität zwischen Nutzern über einen längeren Zeitraum aufrechtzuerhalten. Ein gutes Beispiel hierfür ist die Response-Kampagne der Marke Old Spice, welche nach der Veröffentlichung des initialen Spots „The Man Your Man Could Smell Like“ eine interaktive Weiterführung der Kampagne darstellt. Nutzer konnten via Facebook oder Twitter Fragen stellen, welche in Form von kurzen personalisierten Online-Werbespots beantwortet wurden.[675] Auch diese konnten von den Nutzern anschließend wieder weitergeleitet werden. Ein anderes Beispiel in diesem Kontext repräsentiert die Kampagne „Crash the Super-Bowl“ der Marken Pepsi und Doritos. Nutzer können dabei Ideen für eigene Werbespots einsenden. Über den Kampagnenzeitraum können die Internetnutzer dann darüber abstimmen, welche Spots beim alljährlichen Super-Bowl gezeigt werden.[676] Dies sorgt für eine wiederkehrende Interaktion der Nutzer mit den Spots und könnte sich positiv auf das Motiv Eskapismus auswirken.

Im Gegensatz dazu weist das Motiv Altruismus einen negativen Einfluss auf die Weiterleitungsabsicht auf. Die Nützlichkeit der Botschaft hat jedoch einen positiven Einfluss auf das Konstrukt. Insofern wirkt eine hohe Nützlichkeit der Botschaft einerseits positiv auf die Wei-

[674] Vgl. Dobele et al. (2007), S. 302.
[675] Vgl. O'Neill (2010).
[676] Vgl. Arthur (2011).

terleitungsabsicht über die Einstellung gegenüber dem Online-Werbespot, andererseits wirkt sie negativ auf die Weiterleitungsabsicht über das Motiv Altruismus. Daher sollte bei der Entwicklung eines Online-Werbespots genauer auf die Dosierung der Nützlichkeit der Botschaft geachtet werden. In diesem Zusammenhang sollten Agenturen und Werbetreibende wohlmöglich eher versuchen, eine persönliche Relevanz des Spots für Männer zu erreichen, anstatt tatsächlich eine nützliche Botschaft im Werbespot zu verankern. Vergleicht man die Operationalisierungen der Begriffe Nützlichkeit der Botschaft und Relevanz, so erkennt man leicht Bedeutungsunterschiede, die vor diesem Hintergrund eine wichtige Rolle spielen könnten.[677]

Mit einer in diesem Abschnitt beschriebenen Zielgruppenanalyse geht bei viraler Werbung ein wohlüberlegtes „Seeding“ einher. Letzteres beschreibt die gezielte Veröffentlichung des Online-Werbespots zum Kampagnenbeginn auf bestimmten Plattformen und das Weiterleiten an einflussreiche Nutzer mit einem großen Netzwerk, die als Knotenpunkt für die Verbreitung des Online-Werbespots dienen.[678] *Spengler* nennt in diesem Zusammenhang „ein aktives Empfehlungsverhalten, [...] ein hohe Anzahl an Kontakten und eine positive Grundhaltung gegenüber Werbung“ als wichtige Eigenschaften der Personen, die für das „Seeding“ ausgewählt werden.[679] Die Anzahl dieser anfänglich adressierten Nutzer sollte dabei möglichst hoch sein, um das virale Potential des Online-Werbespots zu maximieren.[680] Darüber hinaus erwähnen Praxisvertreter und Forscher, dass ein Großteil der viral erfolgreichen Online-Werbespots in der Verbreitung durch „Paid-Media“ unterstützt wird. Neben der kostenfreien Platzierung im Internet wird der Online-Werbespot in diesem Fall also auch mit Hilfe von entgeltlich vergüteten Schaltungen im Internet oder Fernsehen unterstützt, um sein volles virales Potential zu entfalten.[681] *Cutler* empfiehlt in diesem Zusammenhang das Gewicht der Kampagne auf den Start zu legen, da ein Online-Werbespot i.d.R. innerhalb der ersten Woche nach Veröffentlichung im Durchschnitt 35% seiner gesamten Zuschauerschaft erreicht.[682] Obwohl ein solches Vorgehen aufgrund der Erfolgsbeispiele zu empfehlen ist, widerspricht es

[677] Vgl. Sheinin/Varky/Ashley (2011), S. 9; Smith et al. (2007), S. 825.
[678] Vgl. Bampo et al. (2008), S. 286.
[679] Spengler (2012), S. 269.
[680] Vgl. Southgate/Westoby/Page (2010), S. 361.
[681] Vgl. Neff (2010), S. 16; Southgate/Westoby/Page (2010), S. 362.
[682] Vgl. Cutler (2009), S. 42.

doch dem ursprünglichen Konzept der viralen Werbung, welche auf den Einsatz „Paid-Media" verzichtet und ausschließlich auf das Erreichen von „Earned-Media" setzt.[683]

Weiterhin deuten die Ergebnisse der Studie auf einen engen Zusammenhang zwischen sozialen Online-Netzwerken wie Facebook und der viralen Verbreitung von Online-Werbespots hin. Die steigende Anzahl von Marken- und Firmenprofilen auf Facebook bietet Nutzern die Möglichkeit, in direkten Kontakt mit den Marken eines Unternehmens zu treten.[684] Die Anzahl dieser so generierten Markenfans steigt in den letzten Jahren rasant. Ist eine Person Fan einer Marke auf Facebook, dann kann daraus auf eine höhere Markenloyalität geschlossen werden. Immerhin 18,2 % der Nutzer werden dabei Fan einer Marke, um interessante oder unterhaltsame Inhalte zu erhalten.[685] Insofern ist davon auszugehen, dass eine solche Person auch einen Online-Werbespot eher weiterleiten würde. Daher sollten Marken und Unternehmen, die über ein Facebook-Profil verfügen, einen Online-Werbespot immer auch auf dem eigenen Profil veröffentlichen, sodass Fans bei ihrem regelmäßigen Facebook-Besuch darauf aufmerksam werden und den Spot idealerweise weiterleiten.

[683] Vgl. Cruz/Fill (2008), S. 750.
[684] Vgl. Ahlden (2012), S. 49 f.
[685] Vgl. Mertens/Caspari (2012), S. 113 ff.

5 Schlussbetrachtung

Ausgehend von einem bisher geringen Forschungsstand auf dem Gebiet der viralen Werbung war das Ziel dieser Studie, ein genaueres Verständnis der Einflussfaktoren des Weiterleitungsverhaltens von Online-Werbespots zu erlangen. Hierzu wurden die objektbezogene Komponente und die soziale Komponente des Begriffs zunächst differenziert betrachtet und analysiert, um darauf aufbauend zu einem kohärenten Begriffsverständnis viraler Werbung zu gelangen. In Anlehnung an *Petrescu/Korgaonkar* wurde daher initial der Begriff virale Werbung definiert: Virale Werbung gilt demnach als von Unternehmen bereitgestellte oder nutzergenerierte Online-Werbespots, welche sich aufgrund spezifischer Eigenschaften, die in dieser Arbeit genauer untersucht wurden, via Online-Kommunikation epidemisch über die sozialen Netzwerke der Internetnutzer verbreiten.[686]

Im Anschluss an diese Definition erfolgte die Identifikation unterschiedlicher Wirkungsmechanismen auf Basis des Einstellungskonzepts, welche sowohl die Verhaltenskomponente in Form der Weiterleitung als auch die Werbewirkung durch den Online-Werbespot erklären. Des Weiteren wurden die motivationstheoretischen Grundlagen für die Erklärung des Weiterleitungsverhaltens von Person zu Person gelegt. Auf dieser Basis wurden mit der Neuartigkeit der Werbung, der Nützlichkeit der Botschaft und der Unterhaltung drei Eigenschaften des Online-Werbespots und mit Altruismus, Individualität, persönlichem Wachstum, Vergnügen und Eskapismus fünf Motive interpersoneller Kommunikation herausgearbeitet und in einem Modell zur Untersuchung der Weiterleitungsabsicht integriert.

Nach der Durchführung eines Pretests zur Identifikation eines geeigneten Stimulus wurde das Hypothesensystem am Beispiel des Online-Werbespots „Smart Thief Caught on Cam" der Marke LG getestet. Dazu wurde eine empirische Untersuchung durchgeführt. Die darin gewonnenen Daten konnten anschließend für eine Modellschätzung mittels Smart PLS verwendet werden. Alle drei Eigenschaften des Online-Werbespots zeigten dabei einen signifikant positiven Einfluss auf die Einstellungen gegenüber diesem. Letztere wies wiederum einen positiven Einfluss auf die Weiterleitungsabsicht auf. Abgesehen davon wiesen die Motive Individualität, persönliches Wachstum und Eskapismus einen positiven Einfluss auf die Weiterleitungsabsicht auf. Der hybride Charakter des Untersuchungsgegenstandes virale Werbung konnte somit bestätigt werden. Gleichzeitig konnten mit der Neuartigkeit der Werbung, Nütz-

[686] Vgl. Petrescu/Korgaonkar (2011), S. 211.

lichkeit der Botschaft und Unterhaltung drei Eigenschaften als Einflussfaktoren herausgearbeitet werden, die für eine große Zahl von Online-Werbespots Gültigkeit besitzen. Des Weiteren lieferten Gruppenvergleiche auf Basis des Geschlechts und des sozialen Status wichtige Erkenntnisse über motivationale Unterschiede hinsichtlich des Weiterleitungsverhaltens. Zudem zeigten die Gruppenvergleiche, dass die drei Eigenschaften für alle Gruppen einen signifikant positiven Einfluss auf die Weiterleitungsabsicht, mediiert durch die Einstellung gegenüber dem Werbespot, besitzen. Die Überprüfung des Moderatoreffekts der Nützlichkeit der Botschaft auf die Beziehung zwischen der Neuartigkeit der Werbung und der Einstellung gegenüber dem Online-Werbespot ergab ebenfalls einen positiven Einfluss. Dies entspricht der Konzeption der Kreativität der Werbung, die somit auch eine wichtige Determinante von Online-Werbespots in Bezug auf die Weiterleitungsabsicht darstellt. Abgesehen davon wurde festgestellt, dass die drei Eigenschaften die Motive für das Weiterleitungsverhalten nur unzureichend erklären und daher noch weitere Einflussfaktoren eine Rolle spielen.

Ausgehend von diesen Ergebnissen kann die zuvor genannte Definition demnach wie folgt ergänzt werden: Virale Werbung gilt als von Unternehmen bereitgestellte oder nutzergenerierte Online-Werbespots, welche sich u.a. aufgrund ihrer Neuartigkeit, ihrer Nützlichkeit, ihrer Kreativität und/oder ihres Unterhaltungswertes sowie zielgruppenspezifischer Motive interpersoneller Kommunikation via Online-Kommunikation viral über die sozialen Netzwerke der Nutzer verbreiten. Die hier in dieser Arbeit identifizierten Eigenschaften werden jedoch nicht als erschöpfend erachtet. Dementsprechend konnten Anregungen für zukünftige Forschungsvorhaben gegeben werden, die zu einem fundierteren Verständnis des Untersuchungsgegenstandes beitragen und gleichzeitig Erkenntnisse über Zusammenhänge zu verwandten Forschungssträngen liefern könnten. Abgesehen davon wurden Praxisempfehlungen für die Konzeption und Verbreitung zukünftiger Online-Werbespots ausgesprochen. Unter Berücksichtigung dieser Empfehlungen könnte das virale Potential von Online-Werbespots in Zukunft erhöht und eine bessere Planbarkeit des viralen Erfolges von Online-Werbespots erreicht werden.

Anhang

Anhang 1: Mittelwerte und Varianzen aller Items im Pretest (n=32)

Old Spice															
	Neuartigkeit . W.					Nützlichkeit d. B.					Unterhaltung				
	I.1	I.2	I.3	I.4	I.5	I.1	I.2	I.3	I.4	I.5	I.1	I.2	I.3	I.4	I.5
Mittelw.	6,1	5,4	6,0	5,8	5,8	3,4	3,0	3,9	5,4	2,6	6,4	6,3	6,1	6,0	4,4
Varianz	0,7	2,1	1,0	1,1	1,2	1,7	1,8	2,4	1,0	1,9	0,6	0,9	1,5	1,3	2,4
Evian															
	Neuartigkeit d. W.					Nützlichkeit d. B.					Unterhaltung				
	I.1	I.2	I.3	I.4	I.5	I.1	I.2	I.3	I.4	I.5	I.1	I.2	I.3	I.4	I.5
Mittelw.	6,2	5,1	6,2	5,4	5,8	2,2	2,3	3,0	4,5	2,2	6,1	5,9	5,4	5,5	3,9
Varianz	0,7	1,8	0,9	2,6	1,1	1,6	1,6	2,5	2,6	1,7	1,2	1,8	2,1	2,4	2,0
Doritos															
	Neuartigkeit d. W.					Nützlichkeit d. B.					Unterhaltung				
	I.1	I.2	I.3	I.4	I.5	I.1	I.2	I.3	I.4	I.5	I.1	I.2	I.3	I.4	I.5
Mittelw.	6,1	5,1	5,4	4,6	5,1	2,5	2,7	3,2	4,1	2,3	6,1	6,1	5,8	5,8	4,1
Varianz	1,0	2,3	1,2	1,7	1,9	2,0	2,5	2,8	2,4	2,0	1,1	1,1	1,9	1,6	2,2
Snickers															
	Neuartigkeit d. W.					Nützlichkeit d. B.					Unterhaltung				
	I.1	I.2	I.3	I.4	I.5	I.1	I.2	I.3	I.4	I.5	I.1	I.2	I.3	I.4	I.5
Mittelw.	5,8	5,0	5,4	5,1	5,6	2,3	3,3	3,8	4,3	2,8	5,6	5,6	5,2	5,1	4,0
Varianz	1,6	1,9	1,7	2,3	1,2	1,8	2,8	2,8	2,3	2,5	2,2	1,8	2,7	2,6	2,0
Volkswagen															
	Neuartigkeit d. W.					Nützlichkeit d. B.					Unterhaltung				
	I.1	I.2	I.3	I.4	I.5	I.1	I.2	I.3	I.4	I.5	I.1	I.2	I.3	I.4	I.5
Mittelw.	5,8	4,9	5,4	5,8	5,3	3,3	2,8	3,8	4,4	2,8	5,5	5,3	5,2	5,1	3,9
Varianz	1,4	2,8	1,6	1,7	1,5	2,6	2,1	2,8	3,5	2,4	1,4	2,3	2,9	2,5	2,8
LG															
	Neuartigkeit d. W.					Nützlichkeit d. B.					Unterhaltung				
	I.1	I.2	I.3	I.4	I.5	I.1	I.2	I.3	I.4	I.5	I.1	I.2	I.3	I.4	I.5
Mittelw.	6,5	6,2	5,9	4,6	6,3	4,8	4,7	4,9	4,3	4,2	5,8	5,9	6,0	5,7	4,8
Varianz	0,5	1,6	1,5	3,2	1,4	2,7	1,8	3,7	3,6	3,5	2,3	2,1	2,1	2,2	2,5

Anhang 2: Diskriminanzvalidität der Konstrukte des Kausalmodells

Quadrierte Korrelationen					
	A_{Ad}	Neuartigkeit d. W.	Altruismus	Entertainment	Eskapismus
A_{Ad}	1	0	0	0	0
Neuartigkeit der Werbung	0,676	1	0	0	0
Altruismus	0,047	0,046	1	0	0
Unterhaltung	0,880	0,678	0,046	1	0
Eskapismus	0,064	0,059	0,009	0,079	1
Weiterleitungsabsicht	0,551	0,454	0,033	0,542	0,069
Individualität	0,000	0,000	0,066	0,000	0,012
Nützlichkeit der Botschaft	0,462	0,400	0,027	0,434	0,041
Persönliches Wachstum	0,000	0,000	0,030	0,001	0,029
Vergnügen	0,023	0,040	0,143	0,031	0,000
Vergleichswert	0,937	0,704	0,682	0,820	0,731

	Weiterleitungsabsicht	Individualität	Message Usefullness	Personal Growth	Pleasure
A_{Ad}	0	0	0	0	0
Neuartigkeit der Werbung	0	0	0	0	0
Altruismus	0	0	0	0	0
Unterhaltung	0	0	0	0	0
Eskapismus	0	0	0	0	0
Weiterleitungsabsicht	1	0	0	0	0
Individualität	0,021	1	0	0	0
Nützlichkeit der Botschaft	0,426	0,000	1	0	0
Persönliches Wachstum	0,009	0,043	0,000	1	0
Vergnügen	0,015	0,046	0,001	0,130	1
Vergleichswert	0,861	0,713	0,700	0,664	

Anhang 3: Ladungen und Kreuzladungen der Items aller Konstrukte

	A_{Ad}	Neuartigkeit	Altruismus	Unterhaltung	Eskapismus	Weiterlei-tungsabsicht	Individualität	Nützlichkeit	Persönliches Wachstum	Vergnügen
al1	0,177	0,154	0,801	0,169	0,014	0,120	0,157	0,110	0,216	0,380
al2	0,164	0,154	0,787	0,167	0,070	0,150	0,236	0,148	0,111	0,245
al3	0,175	0,225	0,834	0,176	0,047	0,151	0,248	0,136	0,133	0,291
al4	0,214	0,214	0,881	0,214	0,079	0,176	0,238	0,126	0,234	0,416
al5	0,174	0,144	0,825	0,167	0,180	0,150	0,178	0,163	0,044	0,250
an1	0,716	0,827	0,116	0,701	0,182	0,567	-0,018	0,536	-0,047	0,089
an3	0,666	0,858	0,198	0,654	0,165	0,542	0,020	0,495	0,053	0,267
an4	0,686	0,833	0,234	0,717	0,265	0,587	0,072	0,561	0,018	0,155
at1	0,972	0,792	0,212	0,918	0,236	0,724	0,029	0,647	0,034	0,157
at2	0,972	0,812	0,216	0,926	0,254	0,724	-0,004	0,657	0,011	0,138
at3	0,961	0,784	0,208	0,879	0,248	0,707	0,017	0,671	0,017	0,155
es1	0,238	0,238	0,122	0,261	0,905	0,249	0,084	0,174	-0,157	0,075
es2	0,278	0,246	0,124	0,315	0,939	0,272	0,079	0,219	-0,166	0,070
es3	0,180	0,188	-0,022	0,203	0,815	0,207	0,091	0,164	-0,067	0,001
es4	0,133	0,127	0,105	0,138	0,750	0,145	0,174	0,119	-0,219	-0,110
et1	0,859	0,756	0,212	0,925	0,256	0,632	-0,018	0,559	0,011	0,208
et2	0,838	0,716	0,161	0,915	0,214	0,631	-0,041	0,570	0,008	0,140
et3	0,921	0,809	0,191	0,933	0,246	0,701	-0,042	0,645	0,053	0,150
et4	0,903	0,807	0,187	0,946	0,230	0,733	0,016	0,642	0,019	0,135
et5	0,713	0,629	0,237	0,804	0,344	0,636	0,079	0,565	0,063	0,167
fi1	0,610	0,564	0,148	0,628	0,228	0,928	0,150	0,544	0,099	0,109
fi2	0,692	0,634	0,209	0,691	0,251	0,952	0,155	0,639	0,142	0,152
fi3	0,752	0,668	0,150	0,722	0,254	0,905	0,110	0,627	0,030	0,088
in6	0,007	0,034	0,229	-0,005	0,126	0,153	0,935	-0,001	0,169	0,205
in7	0,024	0,008	0,216	0,000	0,045	0,082	0,743	-0,011	0,202	0,155
mu2	0,562	0,532	0,159	0,540	0,200	0,524	0,019	0,851	-0,028	0,019
mu3	0,570	0,567	0,197	0,556	0,176	0,576	0,026	0,859	-0,028	0,057
mu4	0,629	0,560	0,059	0,588	0,154	0,530	-0,071	0,833	-0,013	0,044
mu5	0,507	0,452	0,150	0,519	0,152	0,561	0,014	0,805	0,066	0,027
pg1	0,030	-0,002	0,062	0,034	-0,144	0,093	0,046	0,011	0,820	0,197
pg2	-0,035	-0,019	0,190	-0,048	-0,146	0,042	0,209	-0,063	0,744	0,302
pg3	0,016	-0,009	0,163	0,032	-0,106	0,049	0,212	-0,029	0,824	0,347
pg4	0,019	0,031	0,205	0,037	-0,160	0,092	0,270	0,014	0,866	0,378
pl1	0,124	0,194	0,324	0,141	-0,054	0,072	0,171	-0,012	0,349	0,896
pl2	0,144	0,154	0,317	0,167	0,087	0,123	0,195	0,060	0,348	0,813
pl3	0,177	0,197	0,302	0,172	0,025	0,115	0,141	0,032	0,284	0,860
pl4	0,063	0,086	0,234	0,112	0,030	0,035	0,138	0,010	0,281	0,786
pl5	0,083	0,131	0,310	0,099	-0,044	0,077	0,247	0,002	0,298	0,785
pl6	0,147	0,210	0,364	0,167	-0,021	0,140	0,218	0,065	0,317	0,888
pl7	0,108	0,144	0,318	0,127	0,135	0,115	0,143	0,070	0,212	0,754

Literaturverzeichnis

Aaker, David A.; Bruzzone, Donald E. (1981): Viewer Perceptions of Primetime Television Advertising, in: Journal of Advertising Research, Vol. 21, No. 5, S. 15-23.

Aaker, Jennifer L. (1997): Dimensions of Brand Personality, in: Journal of Marketing Research, Vol. 34, No. 3, S. 347-356.

Ahlden, Andreas (2012): Braucht jede Marke eine Facebook-Fanpage, in: Schulten, Matthias; Mertens, Artur; Horx, Andreas (Hrsg.): Social Branding – Strategien, Praxisbeispiele, Perspektiven, Wiesbaden, S. 43-63.

Ajzen, Icek (1991): The Theory of Planned Behavior, in: Organizational Behavior and Human Decision Processes, Vol. 50, No. 2, S. 179-211.

Ajzen, Icek (1993): Attitude Theory and the Attitude-Behavior Relation, in: Krebs, Dagmar (Hrsg.): New Directions in Attitude Measurement, Berlin, S. 41-57.

Ajzen, Icek; Fishbein, Martin (1980): Understanding Attitudes and Predicting Social Behavior, Englewood Cliffs.

Akhter, Syed H. (2003): Digital Divide and Purchase Intention: Why Demographic Psychology Matters, in: Journal of Economic Psychology, Vol. 24, No. 3, S. 321-327.

Alonzo, Mei; Aiken, Milam (2004): Flamming in Electronic Communication, in: Decision Support Systems, Vol. 36, No. 3, S. 205-213.

Alwitt, Linda F.; Prabhaker, Paul R. (1992): Functional and Belief Dimensions of Attitude Towards Advertising: Implications for Copy Testing, in: Journal of Advertising Research, Vol. 32, No. 5, S. 30-42.

Andreoni, James; Vesterlund, Lise (2001): Which Is the Fair Sex? Gender Differences in Altruism, in: The Quarterly Journal of Economics, Vol. 116, No. 1, S. 293-312.

Ang, Swee H.; Low, Sharon Y.M. (2000): Exploring the Dimensions of Ad Creativity, in: Psychology & Marketing, Vol. 17, No. 10, S. 835-854.

Ang, Swee H.; Lee, Yih H.; Leong, Siew M. (2007): The Ad Creativity Cube: Conceptualization and Initial Validation, in: Journal of the Academy of Marketing Science, Vol. 35, No. 2, S. 220-235.

Arbore, Allessandro; Soscia, Isabella (2009): Understanding the Adoption of Personal Technologies: Introducing Identity Signaling, in: Academy of Management Annual Meeting Proceedings, S. 1-6.

Arkes, Hal R. (1982): Psychological Theories of Motivation, Monterey.

Arndt, Johan (1967): The Role of Product-Related Conversation in the Diffusion of a New Product, in: Journal of Marketing Research, Vol. 5, No. 4, S. 291-295.

Arndt, Johan (1967): Word of Mouth Advertising - A Review of the Literature, New York.

Arthur, Lisa (2011): Three Lessons from Pepsi's Super Bowl XLV Campaign, http://www.forbes.com/sites/lisaarthur/2011/02/01/three-lessons-from-pepsis-super-bowl-xlv-ad-campaign/, letzter Abruf: 20.07.2012.

Awad, Neveen F.; Ragowsky, Arik (2008): Establishing Trust in Electronic Commerce through Online Word of Mouth: An Examination Across Genders, in: Journal of Management Information Systems, Vol. 24, No. 4, S. 101-121.

Backhaus, Klaus; Erichson, Bernd; Plinke, Wulf; Weiber, Rolf (2006): Multivariate Analysemethoden: Eine anwendungsorientierte Einführung, Berlin.

Bagemihl, Sven; Herp, Christian (2010): Generation Netzwerk – die Jungendstudie von VZnet und iq digital, http://www.idealisten.net/fileadmin/redaktion/Generation_Netzwerk.pdf, letzter Abruf: 20.07.2012.

Bagozzi, Richard P.; Dholakia, Utpal (1999): Goal Setting and Goal Striving in Consumer Behavior, in: Journal of Marketing, Vol. 63, Special Issue, S. 19-32.

Bampo, Mauro; Ewing, Michael T.; Mather, Dineli R.; Stewart, David; Wallace, Mark (2008): The Effects of the Social Structure of Digital Networks on Viral Marketing Performance, in: Information Systems Research, Vol. 19, No. 3, S. 273-290.

Bardzell, Jeffrey; Bardzell, Shaowen; Pace, Tyler (2008): Emotion Engagement and Internet Video, http://www.scribd.com/doc/8948430/emotion-engagement-and-internet-video, letzter Abruf: 20.07.2012.

Barker, Valerie (2009): Older Adolescents' Motivations for Social Network Site Use: The Influence of Gender, Group Identity and Collective Self-Esteem, in: Cyberpsychology & Behavior, Vol. 12, No. 2, S. 209-213.

Baron, Reuben M.; Kenny, David A. (1986): The Moderator-Mediator Variable Distinction in Social Psychology Research: Conceptual, Strategical and Statistical Considerations, in: Journal of Personality and Social Psychology, Vol. 51, No. 6, S. 1173-1182.

Batra, Rajeev; Ray, Michael L. (1986): Affective Responses Mediating Acceptance of Advertising, in: Journal of Consumer Research, Vol. 13, No. 2, S. 234-249.

Bauer, Hans H.; Haber, Tobias E.; Albrecht, Carmen-Maria; Laband, Tom (2007): Viral Advertising, in Bauer, Hans H.; Große-Leege, Dirk; Rösger, Jürgen (Hrsg.): Interactive Marketing im Web 2.0+ - Konzepte und Anwendungen für ein erfolgreiches Marketingmanagement im Internet, München, S. 268-282.

Bauer, Hans H.; Martin, Isabell; Albrecht, Carmen-Maria (2007): Virales Marketing als Weiterentwicklung des Empfehlungsmarketing, in Bauer, Hans H.; Große-Leege, Dirk; Rösger, Jürgen (Hrsg.): Interactive Marketing im Web 2.0+ - Konzepte und Anwendungen für ein erfolgreiches Marketingmanagement im Internet, München, S. 58-71.

Benady, David (2009): Advertising to the Youtube Generation, in: Marketing, 25. November 2009, S. 34-35.

Berekoven, Ludwig; Eckert, Werner; Ellenrieder, Peter (2009): Methodische Grundlagen und praktische Anwendung, Wiesbaden.

Berger, Jonah; Heath, Chip (2007): Where Consumer Diverge from Others: Identity Signaling and Product Domains, in: Journal of Consumer Research, Vol. 34, No. 2, S. 121-134.

Berger, Jonah; Milkman, Katherine L. (2011): What Makes Online Content Viral?, unpublished Manuscript, University of Pennsylvania, Philadelphia.

Biehal, Gabriel; Stephens, Debra; Curlo, Eleonora (1992): Attitude Toward the Ad and Brand Choice, in: Journal of Advertising, Vol. 21, No. 3, S. 19-36.

Bliemel, Friedhelm; Eggert, Andreas; Fassott, Georg; Henseler, Jörg (2005): Handbuch PLS-Pfadmodellierung: Methode, Anwedung, Praxisbeispiele, Stuttgart.

Blunt, Allan; Pychyl, Timothy A. (2005): Project Systems of Procrastinators: A Personal Project-Analytic and Action Control Perspective, in: Personality and Individual Differences, Vol. 38, No. 8, S. 1771-1780.

Bochner, Athur P.; Kaminski Edmund P.; Fitzpatrick, Mary A. (1977): The Conceptual Domain of Interpersonal Behavior: A Factor-Analytic Study, in: Human Communication Research, Vol. 3, No. 4; S. 291-302.

Boush, David M.; Friestad, Marian; Rose, Gregory M. (1994): Adolescent Skepticism toward TV Advertising and Knowledge of Advertiser Tactics, in: Journal of Consumer Research, Vol. 21, No. 1, S. 165-175.

Brackett, Lana K.; Carr, Benjamin N. Jr. (2001): Cyberspace Advertising vs. Other Media: Consumer vs. Mature Student Attitudes, in: Journal of Advertising Research, Vol. 41, No. 5, S. 23-32.

Brinberg, David; Wood, Ronald (1983): A Resource Exchange Theory Analysis of Consumer Behavior, in: Journal of Consumer Research, Vol. 10, No. 3, S. 330-338.

Brown, Mark A.; Bhadury, Roop K.; Pope, Nigel K. Ll (2010): The Impact of Comedic Violence on Advertising Effectiveness, in: Journal of Advertising, Vol. 39, No. 1, S. 49-65.

Brown, Steven P.; Stayman, Douglas M. (1992): Antecedents and Consequences of Attitude toward the Ad: A Meta-Analysis, in: Journal of Consumer Research, Vol. 19, No. 1, S. 34-51.

Brudermann, Thomas; Fenzl, Thomas (2010): Agent-Based Modelling: A New Approach in Viral Marketing Research, in: Terlutter, Ralf; Diehl, Sandra; Okazaki, Shintaro (Hrsg.): Advances in Advertising Research (Vol.1) – Cutting Edge International Research, Wiesbaden, S. 397-412.

Bruhn, Manfred (2010): Kommunikationspolitik: Systematischer Einsatz der Kommunikation für Unternehmen, München.

Burbary, Ken (2011): Facebook Demographics Revisited -2011 Statistics, http://socialmedia today.com/kenburbary/276356/facebook-demographics-revisited-2011-statistics, letzter Abruf: 20.07.2012.

Burnett, John J.; Dunne, Patrick M. (1986): An Appraisal of the Use of Student Subjects in Marketing Research, in: Journal of Business Research, Vol. 14, No. 4, S. 329-343.

Busemann, Katrin; Gescheidle, Christoph (2009): Web 2.0: Communities bei jungen Nutzern beliebt, www.media-perspektiven.de/uploads/tx_mppublications/Busemann_7_09.pdf, letzter Abruf: 20.07.2012.

Canary Daniel J.; Stafford, Laura; Hause, Kimberly S.; Wallace, Lisa A. (1993): An Inductive Analysis of Relational Maintenance Strategies: Comparisons among Lovers, Relatives, Friends and Others, in: Communication Research Reports, Vol. 10, No. 1, S. 3-14.

Cannes Lions (2012): Product & Service Categories, http://www.canneslions.com/awards/categories_rules.cfm, letzter Abruf: 20.07.2012.

Cashmore, Pete (2009): Youtube: Why do we watch?, http://articles.cnn.com/2009-12-17/tech/cashmore.youtube_1_youtube-viral-video-most-viewed?_s=PM:TECH, letzter Abruf: 20.07.2012.

Chan, Kenny K.; Misra, Shekkar (1990): Characteristics of the Opinion Leader: A New Dimension, in: Journal of Advertising, Vol. 19, No. 3; S. 53-60.

Chin, Wynne W.; Marcolin, Barbara L.; Newsted, Peter R. (1996): A Partial Least Square Latent Variable Modelling Approach for Measuring Interaction Effects: Results from a Monte Carlo Simulation Study and Voice Mail Emotion/Adoption Study, in: Proceedings of the Seventeenth International Conference on Information Systems, S. 21-41.

Chin, Wynne W.; Marcolin, Barbara L.; Newsted, Peter R. (2003): A Partial Least Square Latent Variable Modelling Approach for Measuring Interaction Effects: Results from a Monte Carlo Simulation Study and Voice Mail Emotion/Adoption Study, in: Information System Research, Vol. 14, No. 2, S. 189-217.

Chiu, Hung-Chang; Hsieh, Yi-Ching; Kao, Ya-Hui; Lee, Monle (2007): The Determinants of Email Receivers' Disseminating Behaviors on the Internet, in: Journal of Advertising Research, Vol. 47, No. 4, 524-534.

Chung, Cindy M. Y.; Darke, Peter R. (2006): The Consumer as Advocate: Self-Relevance, Culture and Word-of-Mouth, in: Marketing Letters, Vol. 17, No. 4, S. 269-279.

Chung, Jae E.; Namkee, Park; Wang, Hua; Fulk, Janet; McLaughlin, Margaret (2010): Age Difference in Perception of Online Community Participation among Non-Users: An Extension of the Technology Acceptance Model, in: Computers in Human Behavior, Vol. 26, No. 6, S. 1674-1684.

Churchill, Gilbert A. Jr. (1979): A Paradigm for Developing Better Measures for Marketing Constructs, in: Journal of Marketing Research, Vol. 16, No. 1, S. 64-73.

Corcoran, Sean (2009): Defining Earned, Owned and Paid Media, http://blogs.forrester.com/interactive_marketing/2009/12/defining-earned-owned-and-paid-media.html, letzter Abruf: 20.07.2012.

Cropanzano, Russel; Mitchell, Marie S. (2005): Social Exchange Theory: An Interdisciplinary Review, in: Journal of Management, Vol. 31, No. 6, S. 874-900.

Cruz, Danilo; Fill, Chris (2008): Evaluating Viral Marketing: Isolating the Key Criteria, in: Marketing Intelligence & Planning, Vol. 26, No. 7, S. 743-758.

Cutler, Matt (2009): How to Make Your Online Video Go Viral, in: Advertising Age, Vol. 80, No. 11, S. 42.

Czajka, Sebastian (2011): Internetnutzung in privaten Haushalten in Deutschland: Ergebnisse der Erhebung 2010, in: Statistisches Bundesamt (Hrsg.): Wirtschaft und Statistik, Wiesbaden, S. 709-718.

Czajka, Sebastian; Jechová, Petra (2012): Einsatz von Computer und Internet in privaten Haushalten in Deutschland, in: Statistisches Bundesamt (Hrsg.): Wirtschaft & Statistik, Wiesbaden, S. 415-424.

Dannenberg, Marius; Wildschütz, Frank; Merkel, Stefanie (2003): Handbuch Werbeplanung – Medienübergreifende Werbung effizient planen, umsetzen und messen, Stuttgart.

Davis, Fred D.; Bagozzi, Richard P.; Warshaw, Paul R. (1989): User Acceptance of Computer Technology: A Comparison of Two Theoretical Models, in: Management Science, Vol. 35, No. 8, S. 982-1003.

Davis, Richard A.; Flett, Gordon L.; Besser, Avi (2002): Validation of a New Scale for Measuring Problematic Internet Use: Implications for Preemployment Screening, in: Cyberpsychology & Behavior, Vol. 5, No. 4, S. 331-345.

Dawkins, Richard (1978): Das egoistische Gen, Heidelberg.

Dichter, Ernest (1966): How Word-of-Mouth Advertising Works, in: Harvard Business Review, Vol. 44, No. 6, S. 147-166.

Dietz, Thomas; Kalof, Linda; Stern, Paul C. (2002): Gender, Values and Environmentalism, in: Social Science Quarterly, Vol. 83, No. 1, S. 353-364.

Dindia, Kathryn; Canary, Daniel J. (1993): Definitions and Theoretical Perspective on Maintaining Relationships, in: Journal of Social and Personal Relationships, Vol. 10, No. No. 2, S. 163-173.

Dobele, Angela; Lindgreen, Adam; Beverland, Michael; Vanhamme, Joelle; van Wijk, Robert (2007): Why Pass on Viral Messages? Because They Connect Emotionally, in: Business Horizons, Vol. 50, No. 4, S. 291-304.

Dobele, Angela; Toleman, David; Beverland, Michael (2005): Controlled Infection! Spreading the Brand Message through Viral Marketing, in: Business Horizons, Vol. 48, No. 2, S. 143-149.

Dodds, Peter S.; Watts, Duncan J. (2004): Universal Behavior in a Generalized Model of Contagion, in: Physical Review Letters, Vol. 92, No. 21, S. 1-4.

Dodds, Peter S.; Watts, Duncan J. (2005): A Generalized Model of Social and Biological Contagion, in: Journal of Theoretical Biology, Vol. 232, No. 4, 587-604.

Donnenworth, Gregory V.; Foa, Uriel G. (1974): Effects of Resource Class on Retaliation to Injustice in Interpersonal Exchange, in: Journal of Personality and Social Psychology, Vol. 29, No. 6, S. 785-793.

Ducoffe, Robert H. (1996): Advertising Value and Advertising on the Web, in: Journal of Advertising Research, Vol. 36, No. 5, S. 21-35.

Dunne, Áine; Lawlor, Margeret-Anne; Rowley, Jennifer (2010): Young People's Use of Online Social Networking Sites – A Uses and Gratifications Perspective, in: Journal of Research in Interactive Marketing, Vol. 4, No. 1, 46-58.

Eagly, Alice H.; Wood, Wendy (1991): Explaining Sex Differences in Social Behavior: A Meta-Analytic Perspective, in: Personality & Social Psychology Bulletin, Vol. 17, No. 3, S. 306-315.

Eberl, Markus (2004): Formative und reflektive Indikatoren im Forschungsprozess: Entscheidungsregeln und die Dominanz des reflektiven Modells, in: Schriften zur Empirischen Forschung und Quantitativen Unternehmensplanung, No. 19.

Eckler, Petya; Bolls, Paul (2011): Spreading the Virus: Emotional Tone of Viral Advertising and its Effects of Forwarding Intentions and Attitudes, in: Journal of Interactive Advertising, Vol. 11, No. 2, S. 1-11.

Edson Escalas, Jennifer; Bettman, James R. (2005): Self-Construal, References Groups and Brand Meaning, in: Journal of Consumer Research, Vol. 32, No. 3, S. 378-389.

Edwards, Jeffrey R.; Bagozzi, Richard P. (2000): On the Nature and Direction of Relationships between Constructs and Measures, in: Psychological Methods, Vol. 5, No. 2, S. 155-174.

Eggert, Andreas; Fassot, Georg; Helm, Sabrina (2005): Identifizierung und Quantifizierung mediierender und moderierender Effekte in komplexen Kausalstrukturen, in: Bliemel, Friedhelm; Eggert, Andreas; Fassot, Georg; Henseler, Jörg (Hrsg.): Handbuch PLS-Pfadmodellierung – Methode, Anwendung, Praxisbeispiele, Stuttgart, S. 101-116.

Ekman, Paul; Friesen, Wallace V. (1969): The Repertoire of Nonverbal Behavior: Categories, Origins, Usage and Coding, in: Semiotica, Vol. 1, No.1, S. 49-98.

Ellison, Nicole; Heino, Rebecca; Gibbs, Jennifer (2006): Managing Impressions Online: Self-Presentation Process in the Online Dating Environment, in: Journal of Computer-Mediated Communication, Vol. 11, No. 2, S. 415-441.

Ellison, Nicole B.; Steinfield, Charles; Lampe, Cliff (2007): The Benefit of Facebook „Friends": Social Capital and College Students' Use of Online Social Network Sites, in: Journal of Computer-Mediated Communication, Vol. 12, No. 4, S. 1143-1168.

El-Murad, Jaafar; West, Douglas C. (2004): The Definition and Measurement of Creativity: What Do We Know?, in: Journal of Advertising Research, Vol. 44, No. 2, S. 188-201.

Ferguson, Douglas A.; Perse, Elizabeth M. (2000): The World Wide Web as a Functional Alternative to Television, in: Journal of Broadcasting & Electronic Media, Vol. 44, No. 2, 155-174.

Ferraro, Roselina (2010): Is Identity Signaling so Great: Limitations and Negative Consequences, in: Advances of Consumer Research – North American Conference Proceedings, Vol. 37, S. 81-84.

Fishbein, Martin; Ajzen, Icek (1975): Belief, Attitude, Intention and Behavior – An Introduction to Theory and Research. Reading.

Fishbein, Martin; Ajzen, Icek (2010): Predicting and Changing Behavior – The Reasoned Action Approach, New York.

Fishbein, Martin; Yzer, Marco C. (2003): Using Theory to Design Effective Health Behavior, in: Communication Theory, Vol. 13, No. 2, S. 164-183.

Floyd, Kory; Morman, Mark T. (1998): The Measurement of Affectinate Communication, in: Communication Quarterly, Vol. 46, No. 2, S. 144-162.

Fogel, Joshua; Nehmad, Elham (2009): Internet Social Network Communities: Risk Taking, Trust and Privacy Concerns, in: Computers in Human Behavior, Vol. 25, No. 1, S. 153-160.

Fornell, Claes, & Larcker, David F. (1981): Evaluating structural equation models with unobservable variables and measurement error, in: Journal of Marketing Research, Vol. 18, No. 1, S. 39-50.

Fromkin, Howard L. (1971): A Social Psychological Analysis of the Adoption and Diffusion of New Products and Practices from a Uniqueness Motivation Perspective, in: Proceedings of the Second Annual Conference of the Association of Consumer Research, S. 464-469.

Gefen, David; Straub, Detmar W. (1997): Gender Differences in the Perception and Use of E-Mail: An Extension to the Technology Acceptance Model, in: MIS Quarterly, Vol. 21, No. 4, S. 389-400.

Gladwell, Malcolm (2000): Der Tipping Point – Wie kleine Dinge Großes bewirken können, Berlin.

Golan, Guy J.; Zaidner, Lior (2008): Creative Strategies in Viral Advertising: An Application of Taylor's Six Segment Message Strategy Wheel, in: Journal of Computer-Mediated Communication, Vol. 13, No. 4, S. 959-972.

Graham, Elizabeth E; Barbato, Carole A.; Perse, Elizabeth M. (1993): The Interpersonal Communication Motives Modell, in: Communication Quarterly, Vol. 41, No. 2, S. 172-186.

Gruen, Thomas W.; Osmonbekov, Talai; Czaplewski, Andrew J. (2006): eWoM: The Impact of Customer-to-Customer Online Know-How Exchange on Customer Value and Loyalty, in: Journal of Business Research, Vol. 59, No. 4, S. 449-456.

Hackley, Chris (2005): Advertising and Promotion – Communicating Brands, London.

Hair, Joe F.; Ringle, Christian M.; Sarstedt, Marko (2011): PLS-SEM: Indeed a silver bullet, in: The Journal of Marketing Theory and Practice, Vol. 19, No. 2, pp. 139-152.

Hall, Hazel; Graham, Dianne (2004): Creation and Recreation: Motivating Collaboration to Generate Knowledge Capital in Online Communities, in: International Journal of Information Management, Vol. 24, No. 3, S. 235-246.

Hammann, Peter; Erichson, Bernd (2000): Marktforschung, Stuttgart.

Hargittai, Eszter (2008): Whose Space: Differences among Users and Non-Users of Social Network Sites, in: Journal of Comupter-Mediated Communication, Vol. 13, No. 1, S. 276-297.

Haridakis, Paul; Hanson, Gary (2009): Social Interaction and Co-Viewing with Youtube: Blending Mass Communication Reception and Social Connection, in: Journal of Broadcasting & Electronic Media, Vol. 53, No. 2, 317-335.

Haycock, Laurel A.; McCarthy, Patricia; Skay, Carol L. (1998): Procrastination in College Students: the Role of Self-Efficacy and Anxiety, in: Journal of Counselling & Development, Vol. 76, No. 3, S. 317-324.

Haythornthwaite, Caroline (2005): Social Networks and Internet Connectivity Effects, in: Information, Communication & Society, Vol. 8, No. 2, S. 125-147.

Henning-Thurau, Thorsten; Gwinner, Kevin P.; Walsh, Gianfranco; Gremler, Dwayne D. (2004): Electronic Word-of-Mouth via Consumer-Opinion Platforms: What Motivates Consumers to Articulate Themselves on the Internet, in: Journal of Interactive Marketing, Vol. 18, No. 1, S. 38-52.

Henseler, Jörg; Fassot, Georg (2010): Testing Moderating Effects in PLS Path Models: An Illustration of Available Procedures, in: Esposito Vinzi, Vincenzo; Chin, Wynne W.; Henseler, Jörg; Huiwen, Wang (Hrsg.): Handbook of Partial Least Squares: Concepts, Methods and Applications, Berlin, S. 713-735.

Herrmann, Andreas; Huber, Frank; Kressmann, Frank (2006): Varianz- und kovarianzbasierte Strukturgleichungsmodelle: Ein Leitfaden zu deren Spezifikation, Schätzung und Beurteilung, in: Zeitschrift für betriebswirtschaftliche Forschung, Vol. 58, No. 2, S. 24-66.

Hirschmann, Elizabeth C.; Holbrook, Morris B. (1982): Hedonic Consumption: Emerging Concepts, Methods and Propositions, in: Journal of Marketing, Vol. 46, No. 3, S. 92-101.

Hirschman, Elizabeth C.; Wallendorf, Melanie (1982): Motives Underlying Marketing Information Acquisition and Knowlegde Transfer, in: Journal of Advertising, Vol. 11, No. 3, S. 25-31.

Ho, Jason, Y. C.; Dempsey, Melanie (2011): Viral Marketing: Motivations to Forward Online Content, in: Journal of Business Research, Vol. 63, No. 9/10, S. 1000-1006.

Hollenbaugh, Erin E. (2011): Motives for Maintaining Personal Journal Blogs, in: Cyberpsychology, Behavior and Social Networking, Vol. 14, No. 1-2, S. 13-20.

Holsapple, Clyde W.; Wu, Jiming (2007): User Acceptance of Virtual Worlds: The Hedonic Framework, in: Journal of Database of Advances in IS, Vol. 38, No. 4, S. 86-89.

Homburg, Christian; Baumgartner, Hans (1995): Die Kausalanalyse als Instrument der Marketingforschung, in: Zeitschrift für Betriebswirtschaft, Vol. 65, No. 10, S. 1091-1108.

Homburg, Christian; Pflesser, Christian; Klarmann, Martin (2008): Strukturgleichungsmodelle mit latenten Variablen, in: Herrmann, Andreas; Homburg, Christian; Klarmann, Martin (Hrsg.): Handbuch Marktforschung – Methoden, Anwendung, Praxisbeispiele, Wiesbaden, S. 547-577.

Huber, Frank; Herrmann, Andreas; Kressmann, Frank; Vollhardt, Kai (2005): Zur Eignung von kovarianz- und varianzbasierten Verfahren zur Schätzung komplexer Strukturgleichungsmodelle, wissenschaftliche Arbeitspapiere F1, Universität Mainz.

Huber, Frank; Herrmann, Andreas; Meyer Frederik; Vogel, Johannes; Vollhardt, Kai (2007): Kausalmodellierung mit Partial Least Squares: Eine anwendungsorientierte Einführung, Wiesbaden.

Huber, Frank; Meyer, Frederik; Weihrauch, Andrea (2012): Guerilla-Marketing-Aktionen, in: Bauer, Hans H.; Heinrich, Daniel; Samak, Michael (Hrsg.): Erlebniskommunikation: Erfolgsfaktoren für die Marketingpraxis, Berlin, S. 151-169.

IAB (2008): Digital Video In-Stream Ad Format Guidelines and Best Practices, http://www.iab.net/media/file/IAB-Video-Ad-Format-Standards.pdf, letzter Abruf: 20.07.2012.

Jin, Xiao-Ling; Cheung, Christy M. K.; Lee, Matthew K. O.; Chen Hua-Ping (2009): How to Keep Members Using the Information in a Computer-Supported Social Network, in: Computers in Human Behavior, Vol. 25, No. 5, S. 1172-1181.

Jones, Steve (2002): The Internet Goes to College: How Students Are Living in the Future with Today's Technology, in: Pew Internet & American Life Project, http://eric.ed.gov/ERICWebPortal/contentdelivery/servlet/ERICServlet?accno=ED472669, letzter Abruf: 20.07.2012.

Katz, Elihu; Haas, Hadassah; Gurevitch, Michael (1973): On the Use of Mass Media for Important Things, in: American Sociological Review, Vol. 38, No. 2, S. 164-181.

Katz, Elihu; Blumler, Jay G.; Gurevitch Michael (1974): Utilization of Mass Communication by the Individual, in: Blumler, Jay G.; Katz, Elihu (Hrsg.): The Uses of Mass Communications: Current Perspectives on Gratifications Research, Berverly Hills, S. 19-32.

Keller, Josef A. (1981): Grundlagen der Motivation, München.

Keller, Kevin L. (1993): Conceptualizing, Measuring and Managing Customer-Based Brand Equity, in: The Journal of Marketing, Vol. 57, No. 1, S. 1-22.

Klassen, Robert M.; Ang, Rebecca P.; Chong, Wan Har; Krawchuck, Lindsey L.; Huan, Vivien S.; Wong, Isabelle Y.F.; Yeo, Lay See (2010): Academic Procrastination in Two Settings, Motivation Correlates, Behavioral Patterns and Negative Impact of Procrastination in Canada and Singapore, in: Applied Psychology: An International Review, Vol. 59, No. 3, S. 361-379.

Kloss, Ingomar (2007): Werbung – Handbuch für Studium und Praxis, München.

Kollock, Peter (1999): The Economies of Online Cooperation: Gifts and Public Goods in Cyberspace, in: Smith, Mark A.; Kollock, Peter (Hrsg.): Communities in Cyberspace, London. S. 220-239.

Korgaonkar, Pradeep K.; Wolin, Lori D. (1999): A Multivariate Analysis of Web Usage, in: Journal of Advertising Research, Vol. 39, No. 1, S. 53-68.

Koslow, Scott; Sasser, Sheila L.; Riordan, Edward A. (2003): What Is Creativity to Whom and Why? Perceptions in Advertising Agencies, in: Journal of Advertising Research: Vol. 43, No. 1, S. 96-110.

Kottler, Philip; Armstrong, Gary (2006): Principles of Marketing, Upper Saddle River.

Kover, Arthur J.; Goldberg, Stephen M.; James, William L. (1995): Creativity vs. Effectiveness: An Intergrating Classification for Advertising, in: Journal of Advertising Research, Vol. 35, No. 6, S. 29-40.

Kozinets, Robert V.; de Vlack, Kristine; Wojnicki, Andrea C.; Wilner, Sarah J. S. (2010): Networked Narratives – Understanding Word-of-Mouth Marketing in Online Communities, in: Journal of Marketing, Vol. 74, No. 2, S. 71-89.

Krech, David; Crutchfield, Richard S.; Ballachey, Egerton L. (1962): Individual in Society: A Textbook of Social Psychology, New York.

Kroeber-Riel, Werner; Weinberg, Peter (2003): Konsumentenverhalten, München.

Lampel, Joseph; Bhalla, Ajay (2007): The Role of Status Seeking in Online Communities: Giving the Gift of Experience, in: Journal of Computer-Mediated Communication, Vol. 12, No. 2, S. 434-455.

Langner, Sascha (2009): Viral Marketing: Wie Sie Mundpropaganda gezielt auslösen und Gewinn brigend nutzen, Wiesbaden.

LaRose, Robert; Eastin, Matthew S. (2004): A Social Cognitive Theory of Internet Uses and Gratifications: Toward a new Model of Media Attendance, in: Journal of Broadcasting & Electronic Media, Vol. 48, No. 3, S. 358-377.

Lastovicka, John (1983): Convergent and Discriminant Validity of Television Commercial Rating Scales, in: Journal of Advertising, Vol. 12, No. 2, S. 14-52.

Lavoie, Jennifer A. A.; Pychyl, Timothy A. (2001): Cyberslacking and the Procrastination Superhighway: A Web-Based Survey of Online Procrastination, Attitudes and Emotion, in: Social Sience Computer Review, Vol. 19, No. 4, S. 431-444.

Lee, Chei S.; Goh, Dion H.; Chua, Alton Y.K.; Ang, Rebecca P. (2010): Indigator: Investigating Perceived Gratifictions of a Application That Blends Mobile Content Sharing with Gameplay, in: Journal of the American Society for Information Science and Technology, Vol. 61, No. 6, S. 1244-1257.

Liddell, William J.; Slocum, John W. Jr. (1976): The Effects of Individual-Role Compatibility Upon Group Performance: An Extension of Schutz's FIRO Theory, in: The Academy of Management Journal, Vol. 19, No. 3, S. 413-426.

Lim, Vivien K. G. (2002): The IT Way of Loafing on the Job: Cyberloafing, Neutralizing and Organizational Justice, in: Journal of Organizational Behavior, Vol. 23, No. 5, S. 675-694.

Lin, Carolyn A. (1999): Online Service Adoption Likelihood, in: Journal of Advertising Research, Vol. 39, No. 2, S. 79-89.

Lin, Nan (1999): Building a Network Theory of Social Capital, in: Connections, Vol. 22, No. 1, S. 28-51.

Loehlin, John C.; McCrae, Robert R.; Costa, Paul T.; John, Oliver P. (1998): Heratibilities of Common and Measure-Specific Components of the Big Five Personality Factors, in: Journal of Research in Personality, Vol. 32, No. 4, S. 431-453.

Lull, James (1980): The Social Use of Television, in: Human Communication Research, Vol. 6, No. 3, S. 197-209.

Lutz, Richard J.; MacKenzie, Scott B.; Belch, George E. (1983): Attitude toward the Ad as a Mediator of Advertising Effectiveness: Determinants and Consequences, in: Advances in Consumer Research, Vol. 10, S. 532-539.

Lutz, Richard J. (1985): Affective and Cognitive Antecedents of Attitude toward the Ad: A Conceptual Framework, in: Alwitt, Linda F. (Hrsg.): Psychological Processes and Advertising Effects: Theory, Research and Applications, Hillsdale, S. 45-63.

MacKenzie, Scott B.; Lutz, Richard J.; Belch, George E. (1986): The Role of Attitude toward the Ad as a Mediator of Advertising Effectiveness: A Test of Competing Explanations, in: Journal of Marketing Research, Vol. 23, No. 2; S. 130-143.

MacKenzie, Scott B.; Lutz, Richard J. (1989): An Empirical Examination of the Structural Antecedents of Attitude toward the Ad in an Advertising Pretesting Context, in: Journal of Marketing, Vol. 53, No. 2, S. 48-65.

Madden, Thomas J.; Scholder Ellen, Pamela; Ajen, Icek (1992): A Comparison of the Theory of Planned Behavior and the Theory of Reasoned Action, in: Personal Psychology Bulletin, Vol. 18, No. 3, S. 3-9.

Mahoney, John M.; Stasson, Mark F. (2005): Interpersonal and Personality Dimensions of Behavior: FIRO-B and the Big Five, in: North American Journal of Psychology, Vol. 7, No. 2, S. 205-215.

Maslach, Christina; Stapp, Joy; Santee, Richard T. (1985): Individuation: Conceptual Analysis and Assessment, in: Journal of Personality and Social Psychology, Vol. 49, No. 3, S. 729-738.

McGuire, William J. (1974): Psychological Motives and Communication Gratification, in: Blumler, Jay G.; Katz, Elihu (Hrsg.): The Uses of Mass Communications: Current Perspectives on Gratifications Research, Berverly Hills, S. 167-196.

McInnis, Deborah J.; Jaworski, Bernard J. (1989): Information Processing from Advertisements: toward an Integrative Framework, in: Journal of Marketing, Vol. 53, No. 4, S. 1-23.

McQuail, Denis (2001): McQuail's Mass Communication Theory: An Introduction, London.

Meeker, B. F. (1971): Decision and Exchange, in: American Sociolgical Review, Vol. 36, No. 3, S. 485-495.

Meffert, Heribert; Burmann, Christoph; Kirchgeorg, Manfred (2008): Marketing – Grundlagen marktorientierter Unternehmensführung – Konzepte, Instrumente, Praxisbeispiele, Wiesbaden.

Mertens, Artur; Caspari, Markus (2012): Social Brand Loyalty – Soziale Markenloyalität durch systematisches Interagieren mit Fans, in: Schulten, Matthias; Mertens, Artur; Horx, Andreas (Hrsg.): Social Branding – Strategien, Praxisbeispiele, Perspektiven, Wiesbaden, S. 111-128.

Meyer, Andreas (2010): Kundenbindung im gewerblichen Automobilmarkt: Eine empirische Kausalanalyse, Wiesbaden.

Mitchell, Andrew A.; Olson, Jerry C. (1981): Are Product Attribute Beliefs the only Mediator of Advertising Effects on Brand Attitude?, in: Journal of Marketing Research, Vol. 18, No. 3, S. 318-332.

Mitchell, Vincent-Wayne; Walsh, Gianfranco (2004): Differences in German Consumer Decision-Making Styles, in: Journal of Consumer Behavior, Vol. 3, No. 4, S. 331-346.

Montagnier, Pierre; Wirthmann, Albrecht (2011): Digital Divide: From Computer Access to Online Activities – a Micro Data Analysis, www.oecd-ilibrary.org/digital-divide-from-computer-access-to-online-activities-a-micro-data-analsis_5kg0lk60rr30.pdf?contentType=/ns/WorkingPaper&itemId=/content/workingpaper/5kg0lk60rr30-en&containerItemId=/content/workingpaperseries/20716826&accessItemIds=&mimType=application/pdf, letzter Abruf: 20.07.2012.

Naylor, Gillian (1999): Why Do They Whine? An Examination into the Determinants of Negative and Positive Word of Mouth, in: Journal of Consumer Satisfaction, Dissatisfaction and Complaining Behavior, Vol. 12, No. 1, S. 162-169.

Neff, Jack (2010): Look at Your Ads. Now Look at Old Spice, in: Advertising Age, Vol. 81, No. 34, S. 16.

Nitzel, Christian (2010): Eine anwenderorientierte Einführung in die Partial Least Square (PLS)-Methode, Institut für industrielles Management, Arbeitspapier Nr. 21, Universität Hamburg.

Norton, Robert W. (1978): Foundation of a Communicator Style Construct, in: Human Communication Research, Vol. 4, No. 2, S. 99-112.

Obermiller, Carl; Spangenberg, Eric; McLachlan, Douglas L. (2005): Ad Skepticism, in: Journal of Advertising, Vol. 34, No. 3, S. 7-17.

O'Donohoe, Stephanie (1994): Advertising Uses and Gratifications, in: European Journal of Marketing, Vol. 28, No. 8-9, S. 42-75.

Ohlwein, Martin (1999): Märkte für gebrauchte Güter, Wiesbaden.

Okazaki, Shintaro (2008): Determinant Factors of Mobile-Based Word-of-Mouth Campaign Referral among Japanese Adolescents, in: Psychology & Marketing, Vol. 25, No. 8, S. 714-731.

Okazaki, Shintaro; Mueller, Barbara; Taylor, Charles R. (2010): Measuring Soft-Sell versus Hard-Sell Advertising Appeals, in: Journal of Advertising, Vol. 39, No. 2, S. 5-20.

Olney, Thomas J.; Holbrook, Morris B.; Batra, Rajeev (1991): Consumer Responses to Advertising: The Effects of Ad Content, Emotions and Attitude toward the Ad on Ad Viewing Time, in: Journal of Consumer Research, Vol. 17, No. 4, S. 440-453.

O'Neill, Megan (2010): Old Spice Response Campaign Was More Popular than Obama, http: //socialtimes.com/old-spice-response-campaign_b19329, letzter Abruf: 20.07.2012.

Özer, Bilge Uzun; Demir, Ayhan; Ferrari, Joseph R. (2009): Exploring Academic Procarstination Among Turkish Students: Possible Gender Differences in Prevalence and Reason, in: Journal of Social Psychology, Vol. 149, No. 2, S. 241-257.

Palka,Wolfgang; Pousttchi, Key; Wiedemann, Dietmar G. (2009): Mobile Word-of-Mouth – A Grounded Theory of Mobile Viral Marketing, in: Journal of Information Technology, Vol. 24, No. 2, S. 172-185.

Papacharissi, Zizi; Mendelson, Andrew (2011): Toward a New(er) Sociability: Uses, Gratifications and Social Capital on Facebook, in: Papathanassopoulos, Stylianos (Hrsg.): Media Perspectives for the 21st Century, New York, S. 211-230.

Papacharissi, Zizi; Rubin, Alan M. (2000): Predictors of Internet Use, in: Journal of Broadcasting & Electronic Media, Vol. 44, No. 2, 175-196.

Park, Namsu; Kee, Kerk F.; Valenzuela, Sebastián (2009): Being Immersed in Social Networking Environment: Facebook Groups, Uses and Gratifications and Social Outcomes, in: Cyberpsychology & Behavior, Vol. 12, No. 6, S. 729-733.

Parker, Betty J.; Plank, Richard E. (2000): A Uses and Gratifications Perspective on the Internet As a New Information Source, in: American Business Review, Vol. 18, No. 2, S. 43-49.

Peluchette, Joy; Karl, Katherine (2008): Social Networking Profiles: An Examination of Student Attitudes Regarding Use and Appropriateness of Content, in: Cyberpsychology & Behavior, Vol. 11, No. 1, S. 95-97.

Pelzmann, Linda (2007): Viral Marketing. Creating Demand by Applying a Virus of the Mind, in: Malik on Management, Vol. 15, No. 6, S. 77-92.

Pelzmann, Linda; Hudnik, Urska; Miklautz, Michaela (2005): Reasoning or Reaction to Others? How Consumer Use Rationality of Others, in: Brain Research Bulletin, Vol. 67, No. 5, S. 438-442.

Peter, Sybille I. (1997): Kundenbindung als Marketingziel: Identifizierung und Analyse zentraler Determinanten, Wiesbaden.

Petrescu, Maria; Korgaonkar, Pradeep (2011): Viral Advertising: Definitional Review and Synthesis, in: Journal of Internet Commerce, Vol. 10, No. 3, S. 208-226.

Pfeil, Ulrike; Arjan, Raj; Zaphiris, Panayiotis (2009): Age Differences in Online Social Networking: A Study of User Profiles and the Social Capital Divide among Teenagers and Older Users on MySpace, in: Computers in Human Behavior, Vol. 25, No. 3, S. 643-654.

Phelps, Joseph E.; Lewis, Regina; Mobilio, Lynne; Perry, David; Raman, Niranjan (2004): Viral Marketing or Electronic Word-of-Mouth Advertising: Examening Consumer Responses and Motivations to Pass Along Email, in: Journal of Advertising Research, Vol. 44, No. 4, S. 333-348.

Porter, Constance E.; Donthu, Naveen (2006): Using the Technology Acceptance Model to Explain how Attitudes Determine Internet Usage: The Role of Perceived Access Barriers and Demographics, in: Journal of Business Research, Vol. 59, No. 6, S. 999-1007.

Porter, Lance; Golan, Guy J. (2006): From Subservient Chicken to Brawny Men: A Comparison of Viral Advertising to Television Advertising, in: Journal of Interactive Advertising, Vol. 6, Issue 2, S. 30-38.

Prager, Edward (1996): Exploring Personal Meaning in an Age-Differentiated Australian Sample: Another Look at the Sources of Meaning Profile, in: Journal of Aging Studies, Vol. 10, No. 2, S. 117-136.

Price, Linda L.; Feick, Lawrence F.; Guskey, Audrey (1995): Everyday Market Helping Behavior, in: Journal of Public Policy & Marketing, Vol. 14, No. 2, S. 255-266.

Raacke, John; Bonds-Raacke, Jennifer (2008): MySapce and Facebook: Applying the Uses and Gratifications Theory to Exploring Friend-Networking Sites, in: Cyberspychology & Behavior, Vol. 11, No. 2, S. 169-174.

Rahman, Kaleel; Cherrier, Helene (2010): Correlates of Cool Identity: Humor, Need for Uniqueness, Materialism, Status Concern and Brand Conciousness, in: Advances of Consumer Research – North American Conference Proceedings, Vol. 37, S. 886-888.

Rayport (1996): The Virus of Marketing, http://www.fastcompany.com/magazine/06/virus.html, letzter Abruf: 20.07.2012.

Renker, Laura-Christiane (2008): Virales Marketing im Web 2.0 – Innovative Ansätze einer interaktiven Kommunikation mit dem Konsumenten, München.

Ringle, Christian M. (2004): Messung von Kausalmodellen: Ein Methodenvergleich, Hamburg.

Ritson, Mark; Elliot, Richard (1999): The Social Uses of Advertising: An Ethnographic Study of Adolescent Advertising Audiences, in: Journal of Consumer Research, Vol. 26, No. 3, S. 260-277.

Robitschek, Christine (1998): Personal Growth Initiative: The Construct and its Measure, in: Measurement in Evaluation and Counseling and Development, Vol. 30, No. 4, S. 183-198.

Robitschek, Christine (2003): Validity of Personal Growth Initiative Scale Scores with a Mexican American College Student Population, in: Journal of Counseling Psychology, Vol. 50, No. 4, S. 496-502.

Rodgers, Shelly; Thorson, Esther (2000): The Interactive Advertising Model: How Users Perceive and Process Online Ads, in: Journal of Interactive Advertising, Vol. 1, No. 1, S. 42-61.

Roscoe, Jane; Marshall, Harriet; Gleeson, Kate (1995): The Television Audience: A Reconsideration of the Taken-for-Granted Terms 'Active', 'Social' and 'Critical', in: European Journal of Communications, Vol. 10, No. 1, S. 87-108.

Rosengren, Karl E. (1974): Uses and Gratifications: A Paradigm Outlined, in: Blumler, Jay G.; Katz, Elihu (Hrsg.): The Uses of Mass Communications: Current Perspectives on Communications Research, Beverly Hills, S. 269-286.

Rossmann, Constanze (2009): Theory of Reasoned Action – Theory of Planned Behavior, Baden-Baden.

Rubin, Rebecca B.; Perse, Elizabeth M.; Barbato, Carole A. (1988): Conceptualization and Measurement of Interpersonal Communication Motives, in: Human Communication Resarch, Vol. 14, No. 4, S. 602-628.

Rubin, Alan M.; Windahl, Sven (1986): The Uses and Dependency Model of Mass Communication, in: Critical Studies in Mass Communication, Vol. 3, No. 2, S. 184-199.

Schau, Hope J.; Gilly, Mary C. (2003): We Are what We Post: Self-Presentation in Personal Web Space, in: Journal of Consumer Research, Vol. 30, No. 3, S. 385-404.

Schraw, Gregory; Wadkins, Theresa; Olafson, Lori (2007): Doing the Things We Do: A Grounded Theory of Procrastination, in: Journal of Educational Psychology, Vol. 99, No. 1, S. 12-25.

Schlinger, Mary J. (1979): A Profile of Responses to Commercials, in: Journal of Advertising Research, Vol. 19, No. 2, S. 37-46.

Schloderer, Matthias P.; Ringle, Christian M.; Sarstedt, Marco (2009): Einführung in varianzbasierte Strukturgleichungsmodelle: Grundlagen, Modellevaluation und Interaktionseffekte am Beispiel von Smart PLS, in: Meyer, Anton; Schwaiger, Manfred (Hrsg.): Theorien und Methoden der Betriebswirtschaft, München, S. 583-611.

Schulz, Sebastian; Mau, Gunnar; Löffler, Stella (2007): Motive und Wirkungen im viralen Marketing, in: Hass, Bertold H.; Walsh, Gianfranco; Kilian, Thomas (Hrsg.): Web 2.0: Neue Perspektiven für Marketing und Medien, Berlin, S. 249-268.

Schutz, William C. (1958): FIRO: A Three-Dimensional Theory of Interpersonal Behavior, New York.

Schutz, William C. (1958): Interpersonal Underworld, in: Harvard Business Review, Vol. 36, No. 4, S. 123-135.

Schutz, William C. (1976): The FIRO Administrator: Theory, Criteria and Measurement of Effectiveness, in: Group & Organization Management, Vol. 1, No. 2, S. 154-176.

Schweiger, Günter; Schrattenecker, Gertraud (2005): Werbung, Stuttgart.

Siegert, Gabriele; Brecheis, Dieter (2010): Werbung in der Medien- und Informationsgesellschaft – eine kommunikationswissenschaftliche Einführung, Wiesbaden.

Sheinin, Daniel A.; Varki, Sajeev; Ashley, Christy (2011): The Differential Effect of Ad Novelty and Message Usefulness on Brand Judgements, in: Journal of Advertising, Vol. 40, No. 3, S. 5-17.

Sheppard, Blair J.; Hartwick, John; Warshaw, Paul R. (1988): The Theory of Reasoned Action: A Meta-Analysis with Recommendations for Modifications and Future Research, in: Journal of Consumer Research, Vol. 15, No. 3, S. 325-343.

Sherman, Steven J.; Fazio, Russel H. (1983): Parallel between Attitudes and Traits as Predictors of Behavior, in: Journal of Personality, Vol. 51, No. 3, S. 308-345.

Shimp, Terence A. (1981): Attitude toward the Ad as a Mediator of Consumer Brand Choice, in: Journal of Advertising, Vol. 10, No. 2, S. 9-15.

Shukla, Timira (2010): Factors Affecting 'Internet Marketing' Campaigns with Reference to Viral and Permission Marketing, in: IUP Journal of Management Research, Vol. 9, No. 1, S. 26-37.

Smith, Robert E.; Yang, Xiaojing (2004): Toward a General Theory of Creativity in Advertising: Examining the Role of Divergence, in: Marketing Theory, Vol. 4, No. 1-2, S. 31-58.

Smith, Robert E.; Chen, Jiemiao; Yang, Xiaojing (2008): The Impact of Advertising Creativity on the Hierarchy of Effects, in: Journal of Advertising, Vol. 37, No. 4, S. 47-61.

Smith, Robert E.; MacKenzie, Scott B.; Yang, Xiaojing; Buchholz, Laura M.; Darly, William K. (2007): Modelling the Determinants and Effects of Creativity in Advertising, in: Marketing Science, Vol. 26, No. 6, S. 819-833.

Solomon, Michael R. (2009): Consumer Behavior: Buying, Having, Being, Upper Saddle River.

Solomon, Michael R.; Bamossy, Gary; Askegaard, Soren (2001): Konsumentenverhalten – Der europäische Markt, München.

Song, Indoek; LaRose, Robert; Eastin, Matthew S.; Lin, Carolyn A. (2004): Internet Gratifications and Internet Addiction: on the Uses and Abuses of New Media, in: Cyberpsychology & Behavior, Vol. 7, No. 4, S. 384-394.

Southgate, Duncan; Westoby, Nikki; Page, Graham (2010): Creative Determinants of Viral Video Viewing, in: International Journal of Advertising, Vol. 29, No. 3, S. 349-368.

Southwell, Brian G.; Yzer, Marco C. (2007): The Roles of Interpersonal Communication in Mass Media Campaigns, in: Christina S. Beck (Hrsg.): CommunicationYearbook 31, New York, S. 420-462.

Specht, Melanie; Theobald, Elke (2010): Broadcast Your Ad!: Werbung auf den Videoportalen, Youtube, Clipfish, MyVideo, Baden-Baden.

Stafford, Laura; Canary, Daniel J. (1991): Maintenance Strategies and Romantic Relationship Type, Gender and Relational Characteristics, in: Journal of Social and Personal Relationships, Vol. 8, No. 2, S. 217-242.

Steel, Piers; Brothen, Thomas; Wambach, Catherine (2001): Procrastination and Personality, Performance and Mood, in: Personality and Individual Differences, Vol. 30, No. 1, S. 95-106.

Steinfield, Charles; Ellison, Nicole B.; Lampe, Cliff (2008): Social Capital, Self-Esteem and Use of Online Social Network Sites: A Longitudinal Analysis, in: Journal of Applied Developmental Psychology, Vol. 29, No. 6, S. 434-445.

Stenger, Daniel (2012): Virale Markenkommunikation – Einstellungs- und Verhaltenswirkungen viraler Videos, Wiesbaden.

Sun, Shaojing; Rubin, Alan M.; Haridakis, Paul M. (2008): The Role of Motivation and Media Involvement in Explaining Internet Dependency, in: Journal of Broadcasting & Electronic Media, Vol. 52, No. 3, S. 408-431.

Sundaram, D. S.; Mitra, Kaushik; Webster, Cynthia (1998): Word-of-Mouth Communications: A Motivational Analysis, in: Advances in Consumer Research, Vol. 25, No. 1, S. 527-531.

Sussman, Nan M.; Tyson, D. H. (2000): Sex and Power: Gender Differences in Computer-Mediated Interactions, in: Computer in Human Behavior, Vol. 16, No. 4, S. 381-394.

Swanepoel, Celeste; Lye, Ashley; Rugimbana, Robert (2009): Virally Inspired: A Review of the Theory of Viral Stealth Marketing, in: Australasian Marketing Journal, Vol. 17, No. 1, S. 9-15.

Sweeney, Jillian C.; Soutar, Geoffrey N.; Mazzarol, Tim (2008): Factors Influencing Word-of-Mouth Effectiveness: Receiver Perspectives, in: European Journal of Marketing, Vol. 42, No. 3, S. 344-364.

Teixeira, Thales (2012): The New Science of Viral Ads, in: Harvard Business Review, Vol. 90, No. 3, S. 25-27.

Tepper Tian, Kelly; Bearden, William O.; Hunter, Gary L. (2001): Consumers' Need for Uniqueness: Scale Development and Validation, in: Journal of Consumer Research, Vol. 28, No. 1, S. 50-66.

Tenenhaus, Michel; Vinzi, Vincenzo E.; Chatelin, Yves-Marie; Lauro, Carlo (2005): PLS Path Modelling, in: Computational Statistics & Data Analysis, Vol. 48, No. 1, S. 159-205.

Thatcher, Andrew; Wretschko Gisela; Fridjohn, Peter (2008): Online Flow Experiences, Problematic Internet Use and Internet Procrastination, in: Computers in Human Behavior, Vol. 24, No. 5, S. 2236-2254.

Thompson, Henry L. (2000): FIRO Element B: An Overview, in: Bulletin of Psychological Type, Vol. 23, No. 2, S. 18-22.

Trammell, Kaye D.; Keshelashvili, Ana (2005): Examining the New Influencers: A Self-Presentation Study of A-List Blogs, in: Journalism & Mass Communication Quarterly, Vol. 82, No. 4, S. 968-982.

Trivers, Robert L. (1971): The Evolution of Reciprocal Altruism, in: The Quarterly Review of Biology, Vol. 46, No. 1, S. 35-57.

Trommsdorff, Volker (2003): Konsumentenverhalten, Stuttgart.

Tsang, Melody M.; Ho, Shu-Chun; Liang, Ting-Peng (2004): Consumer Attitudes toward Mobile Advertising: An Empirical Study, in: International Journal of Electronic Commerce, Vol. 8, No. 3, S. 65-78.

Unger, Fritz; Durante, Nadia-Victoria; Gabrys, Enrico; Koch, Rüdiger; Wailersbacher, Rainer (2009): Mediaplanung – Methodische Grundlagen und praktische Anwendungen, Heidelberg.

Van der Heijden, Hans (2004): User Acceptance of Hedonic Information Systems, in: MIS Quarterly, Vol. 28, No. 4, S. 695-704.

Van Horn, Roger K.; Arnone, Angela; Nesbitt, Kelly; Desilets, Laura; Sears, Tanya; Giffin, Michelle; Brudi, Rebecca (1997): Physical Distance and Interpersonal Characteristics in College Students' Romantic Relationships, in: Personal Relationships, Vol. 4, No. 1, S. 25-34.

Verhoef, Peter C.; Fransen, Philip H.; Hoekstra, Janny C. (2002): The Effects of Relational Constructs on Customer Referrals and Number of Service Purchased from a Multi-Service Provider: Does Age of Relationship Matter?, in: Journal of the Academy of Marketing Science, Vol. 30, No. 3, S. 202-216.

Verlegh, Peter M. J.; Buijs, Carolina M.; Zethof, Andrea (2008): Talk, Talk, Talk: Consumer Motives for Word-of-Mouth Referral, in: Advances in Consumer Research – North American Conference Proceedings, Vol. 35, S. 50-51.

Verlegh, Peter W. J.; Moldovan, Sarit (2008): What Drives Word-of-Mouth: A Multi-Disciplinary Perspective, in: Advances of Consumer Research – North American Conference Proceedings, Vol. 35, S. 49.

Vignoles, Vivian L.; Chryssochoou, Xenia; Breakwell, Glynis, L. (2000), in: Personality and Social Psychology Review, Vol. 4, No. 4, S. 337-354.

Walsh, Gianfranco; Gwinner, Kevin P.; Swanson, Scott R. (2004): What Makes Mavens Tick? Exploring the Motives of Market Mavens' Initiation of Information Diffusion, in: Journal of Consumer Marketing, Vol. 21, No. 2, S. 109-122.

Walther, Jospeh B. (1996): Computer-Mediated Communication: Impersonal, Interpersonal and Hyperpersonal Interaction, in: Communication Research, Vol. 23, No. 1, S. 3-43.

Wasilieski, David M.; Hayibor, Sefa (2009): Evolutionary Psychology and Business Ethics Research, in: Business Ethics Quarterly, Vol. 19, No. 4, S. 587-616.

Wegener, Franz (2001): Memetik: Der Krieg des neuen Replikators gegen den Menschen, Gladbeck.

Weiss, Silvia (2010): Werbung im Web. Der Stellenwert der klassischen Online-Werbung in der Werbekommunikation, miami.uni-muenster.de/servlets/DerivateServlet/Derivate-5515/diss_weiss.pdf, letzter Abruf: 20.07.2012.

Welsch, Johann (2006): „Digital Divide“: Schattenseite der Wissensgesellschaft, in: Fachhochschule Mainz (Hrsg.): Update Forschung und Wirtschaft WS 05/06, Mainz.

Weiner, Bernard (1984): Motivationspsychologie, Weinheim.

Weiser, Eric B. (2000): Gender Differences in Internet Use Pattern and Application Preferences: A Two-Sample Comparison, in: Cyberpsychology & Behavior, Vol. 3, No. 2, S. 167-178.

Westmyer, Stephanie A.; diCioccio, Rachel L.; Rubin, Rebecca B. (1998): Appropriateness and Effectiveness of Communication Channels in Competent Interpersonal Communication, in: Journal of Communication, Vol. 48, No. 3, S. 27-48.

Wiswede, Günter (1973): Motivation und Verbraucherverhalten: Grundlagen der Motivforschung, München.

Whiting, Vicki, R.; de Janasz, Suzanne C. (2004): Mentoring in the 21st Century: Using the Internet to Build Skills and Networks, in: Journal of Management Education, Vol. 28, No. 3, S. 275-293.

Wold, Herman (1989): Partial Least Squares, in: Kotz, Samuel; Johnson, Norman L. (Hrsg.): Encyclopedia of Statistical Sciences, New York. S. 581-591.

Wright, Kevin B. (2004): Online Relational Maintenance Strategies and Perceptions of Partners within Exclusive Internet-Based and Primarily Internet-Based Relationships, in: Communication Studies, Vol. 55, No. 2, S. 239-253.

Yang, Hongwei; Zhou, Liuning (2011): Extending TPB and TAM to Mobile Viral Marketing: An Exploratory Studyon American Young Consumers' Mobile Viral Marketing Attitude, Intent, and Behavior, in: Journal of Targeting, Measurement and Analysis of Marketing, Vol. 19, No. 2, S. 85-98.

Yang, Xiaojing; Smith, Robert E. (2009): Beyond Attention Effects: Modelling the Persuasive and Emotional Effects of Advertising Creativity, in: Marketing Science, Vol. 28, No. 5, S. 935-949.

YouTube (a) (2011): Old Spice Responses Case Study, http://www.youtube.com/watch?v=fD1WqPGn5Ag, letzter Abruf: 20.07.2012.

YouTube (b) (2011): The Force: Volkswagen Commercial, http://www.youtube.com/watch?v=R55e-uHQna0, letzter Abruf: 20.07.2012.

YouTube (c) (2011): Tippex Case Study – "A hunter shoots a bear", http://www.youtube.com/watch?v=PkJSw-SMZVE, letzter Abruf: 20.07.2012.

Zeithaml, Valerie L.; Berry, Leonard L.; Parasuraman A. (1996): The Behavioral Consequences of Service Quality, in: Journal of Marketing, Vol. 60, No. 2, S. 31-46.

Zickuhr, Kathrin (2010): Generations 2010, pewinternet.org/~/media//Files/Reports/2010/PIP_Generations_and_Tech10.pdf, letzter Abruf: 20.07.2012.

Zukunft Digital (2009): Bewegtbildwerbung im Internet, http://www.google.de/url?sa=t&rct=j&q= zukunft%20digital%20bewegtbild%20werbug%20im%20internet&source=web&cd=1&ved=0CEwQFjAA&url=http%3A%2F%2Fwww.zukunftdigital.de%2Fgeneral%2Ffiles%2Fbewegung_im_netz_teil_1_de.pdf&ei=hvYPT7PtNZHsOYvOoJAD&usg=AFQjCNHB1CrAeahib16KggJIwzwRBIfS6g&cad=rja, letzter Abruf: 20.07.2012.